Nina Kleinschmidt, Jahrgang 1939, ist Autorin und Regisseurin und macht vor allem politische Fernsehdokumentationen. Sie war zunächst Redakteurin bei der *Westdeutschen Allgemeinen*, bevor sie sich für das Medium Film entschied. Seit über zehn Jahren lebt sie im Saarland.

Wolf-Michael Eimler, Jahrgang 1952, ist Autor und Regisseur politischer Fernsehdokumentationen. Er studierte Geschichte, Kunstgeschichte und neuere deutsche Literatur in Freiburg und Berlin. Heute lebt er im Saarland.

Originalausgabe

Umschlaggestaltung Atelier Blaumeiser
Satz IBV Lichtsatz KG, Berlin
Reproduktion Reproteam Siefert, Ulm
Druck und Bindung Ebner Ulm
Printed in Germany 10 9 8 7 6
ISBN 3-426-03723-8

Nina Kleinschmidt/
Wolf-Michael Eimler:

Wer hat das Schwein zur Sau gemacht?

Mafia-Methoden in der
deutschen Landwirtschaft

Knaur

Bildnachweis:

Arbeitsgemeinschaft Deutscher Tierschutz/Moers: S. 139, 165
Big Dutchmann/Calveslage: S. 17, 47, 52/53, 55/56
Bergmann/Langförden: S. 49, 98
Kathmann/Calveslage: S. 59 oben und unten
Biologische Schutzgemeinschaft Hunte-Weser-Ems/Wardenburg: S. 193
Michael Nath/Vechta: S. 214/215, 218
Reinhard Kindler: S. 143
Hans Krullmann (Bramscher Nachrichten): S. 115
Alle übrigen Abbildungen von Wolf-Michael Eimler

Die Karikaturen zeichnete Costas Varziotis/Stuttgart

Inhaltsverzeichnis

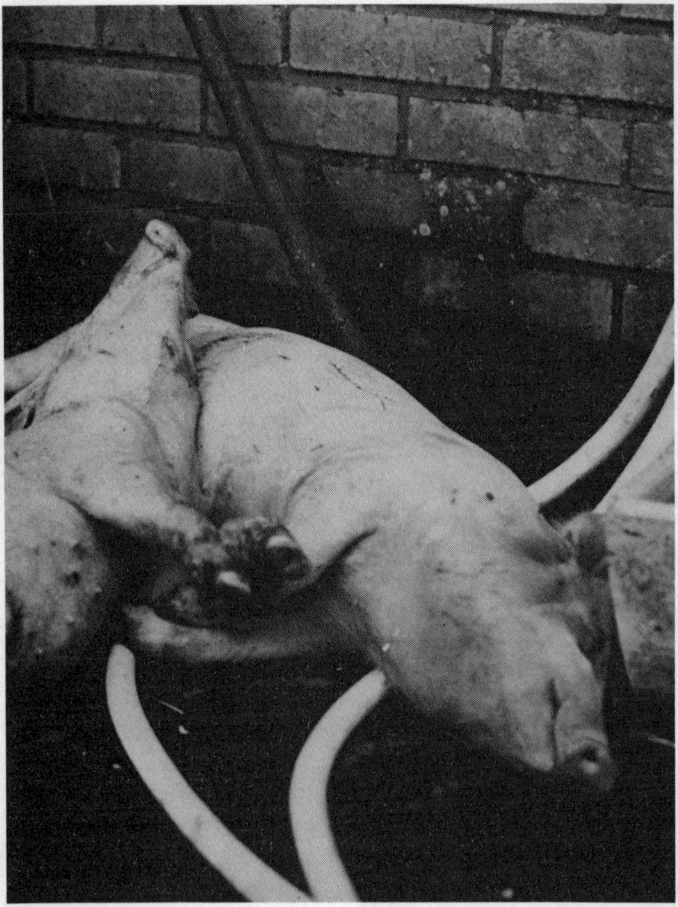

Am Streß gestorben: Tote Schweine an der Viehverladestelle Neuenkirchen

Mafia-Methoden in der deutschen Landwirtschaft?

Richtig, Deutschland ist nicht Italien, auch nicht New York oder Chikago. Die deutsche Landwirtschaft ist auch nicht der internationale Drogenhandel oder die Welt der Spielhöllen. Aber – Mafia-Methoden gibt es auch nicht nur bei der Mafia!

Was ist das, wie nennt man das – haben wir uns gefragt – wenn der Profit einer kleinen Gruppe von »Machern« dem Wohlergehen großer Bevölkerungsgruppen vorgezogen wird? Wenn politische Machthaber, wissenschaftliche Vordenker, Wirtschaftsmänner und Beamte sich gegenseitig alles in die Hand spielen, was sie zum Durchsetzen ihrer Ziele brauchen? Ist das nicht mafiotisch, wenn der demokratische Apparat von einer kleinen Gruppe von Lenkern zum Instrument ihrer Geschäfte gemacht wird?

Eine Einschränkung möchten wir – den Beherrschern der deutschen Landwirtschaft zur Ehre – hier machen. Die Mafia-Methoden führen bisher ohne Morde zum Ziel. Die Erpressungen sind – soweit wir davon wissen – noch relativ harmlos.

Das Landwirtschaftsland, das wir besuchten und untersuchten, ist klein. Südoldenburg – zwei Landkreise in Norddeutschland, die Kreise Vechta und Cloppenburg zwischen Weser und Ems, eine kleine Region nördlich von Osnabrück.

Was hier passiert, hat den Charakter eines Modells. Auf kleinem Raum läßt sich die gesamte Landwirtschaftspolitik der Bundesrepublik und der europäischen Gemeinschaft studieren. Was geschehen ist mit der bäuerlichen Welt und was – viel ärger noch – geschehen wird. Wie die vielen Bauern verschwinden und eine Handvoll agrarindustrieller Produzenten die Macht übernimmt. Die alles bestimmt, was wir zur Ernährung brauchen.

Wer das Schwein zur Sau gemacht hat, das läßt sich schon feststellen! Die anderen landwirtschaftlichen Nutztiere werden dabei nicht vergessen. Kälber, Bullen, Masthähnchen und Legehennen sind ebenfalls »ganz arme Schweine«.

Die ärmsten sind die Menschen, die doch Verstand zum Verstehen haben, die das schlimme Spiel doch durchschauen könnten. Die sich nicht wehren werden, weil es immer ein paar Schlauere und Stärkere gibt, die viel schneller vernebeln als alle Aufklärer klären können.

Wir haben versucht, mit aller Kraft der Lungen – in den Dunst zu pusten.

Reise ins Land der Güllelagunen

Über die Hansalinie Osnabrück–Hamburg fahren wir in den Landkreis Vechta in Südoldenburg, Niedersachsen. Wir wollen uns informieren über die Landwirtschaft, die Geschichte, die Menschen, die hier leben. Wir wollen wissen, wo und wie die Lebensmittel produziert werden, die wir täglich in unseren Supermärkten finden. Wir haben schon viel über diese Gegend gehört – Positives, viel Negatives.
Wir passieren die Grenze des Landkreises. Es fängt an zu stinken. Landluft. Hühnergülle. Schweinegülle. Anderswo sagt man Jauche, was aber »streng wissenschaftlich« nicht dasselbe sein soll. Für uns ist es zunächst mal ganz einfach flüssiger Tiermist. Und der macht sich deutlich bemerkbar. Das Land stinkt!
Wir bekommen Kopfschmerzen, Kopfschmerzen, die wir behalten, solange wir uns in Südoldenburg aufhalten, Kopfschmerzen, die bei jedem Besuch wiederkommen. Zu nahe an einem Jauchewagen, zu nahe an einem frisch gegüllten Feld – und die Augen brennen. Das Land ist flach. Endlose Maisfelder, ein paar Dörfer. Ab und zu ein Wäldchen, immer wieder Güllewagen, ein paar Pferde.
Das Land ist langweilig. Auf gut ausgebauten Straßen fahren wir vorbei an »Bauern«häusern, die weiß oder rot geklinkert sind, mit Walmdächern, großen gepflasterten Hofplätzen, kleinen Vorgärtchen, mit Springbrunnen oder Miniaturfontänen herausgeputzt und vor Sauberkeit blinkend. Sie würden in jedem Villenvorort einer beliebigen deutschen Kleinstadt nicht weiter auffallen.
Keine Misthaufen, keine herumstehenden Geräte, und – außer dem Hofhund – sehen wir keine Tiere. Dabei soll es in diesem nur 800 km^2 großen Landkreis doch knapp zwei Millionen Schweine, über fünfzehn Millionen Hühner und noch einige hunderttausend Stück Rindvieh geben! Schließlich befinden wir uns in einem Gebiet, in dem (im Verhältnis zur Fläche) die meisten Tiere der Welt produziert werden.

Landwirtschaft in Oldenburg – agrarindustrielle Hühnerfarm

Langsam merken wir, daß wir nach ganz falschen Bildern suchen. Hier gibt es keine Landwirtschaft mit krähendem Hahn auf dem Mist. Hier müssen wir erst sehen lernen.
Zwischen den Maisfeldern, hinter Busch- und Baumreihen gegen direkten Einblick geschützt, tauchen immer wieder flache, langgestreckte Hallen aus Holz oder Aluminium auf, überdimensionale Schuppen mit niedrigen Satteldächern, seitlichen Lüftungsschächten und großen Ventilatoren. Fabrikanlagen. Kein Hinweis, was hier hergestellt wird, keine Firmenschilder. Keine Angaben, wem die Hallen gehören, keine Menschen in der Nähe, die wir um Auskunft bitten könnten. Keine Bewegung, keine Geräusche – nur das dauernde Brummen der Ventilatoren.
Die Silos, die neben jeder Halle hoch aufragen, verraten uns: Das sind die Ställe, in denen jedes fünfte bundesdeutsche Huhn steht. Von hier aus werden die Deutschen mit Millionen Brathähnchen gefüttert, in diesen Ställen stehen die Schweine, deren

Legehallen, 100 m lange Güllelagune (oben rechts), Futtermittelsilo (unten)

Koteletts den gesamten Norden, das Ruhrgebiet und Berlin versorgen. Von hier aus wird die Republik mit Suppenhühnern überschwemmt.
Und nach und nach erschließt sich uns die Struktur dieses Landstrichs, erfahren wir das Ausmaß der landwirtschaftlichen Großproduktionsstätten, die sich so dezent versteckt halten, die so bewußt unauffällig sind. Kaum ein Hof im ganzen Landkreis Vechta ohne diese typischen Hallen hinter dem Haus, keine zwei Kilometer Fahrt ohne Mais und Ställe. Stück für Stück sammeln wir Bausteine einer gewaltigen Kette, einer Landwirtschaftsmaschinerie, die uns bislang nur aus den USA bekannt war. Ansammlungen von zwanzig, dreißig Ställen nebeneinander, streng militärisch ausgerichtet. Daneben riesige Betonklötze, Hochbunkern ähnlich: die dazugehörigen Futtermittelwerke. Eine Brüterei, eine Schlachterei, eine Borstenfabrik. Und immer wieder überholen wir Futtermittellaster, begegnen uns Viehtransporter.
Ställe. Mais. Ställe. Ein Kleintransporter mit der Aufschrift »Tierarzneimittel« kreuzt. Dann wieder Lastwagen mit Fleisch- und Wurstwaren. Eiertransporter. Silowagen, Kühlwagen, Lkws jeder bekannten großen deutschen Lebensmittelkette.
Mais. Ställe. Mais. Und etwas, was wir bisher nur gerochen haben: Neben einer weißgestrichenen Halle ein künstlicher See, hundert Meter lang, dreißig Meter breit... bis zum Rand voll mit Gülle! Eine Güllelagune für die tierischen Exkremente eines einzigen Stalles!
Wie viele dieser Seen muß es hier in der Gegend bei der Vielzahl von Ställen geben? Jetzt wird uns klar, weshalb wir immer wieder auf Traktoren mit kleinen stinkenden Tankanhängern treffen, warum überall Gülle auf den Feldern verteilt wird. Beseitigen die Bauern ihren Abfall? Oder wird hier gedüngt?
Noch eins fällt auf. Hier wird Geld verdient. Viel Geld, und das schon lange. Jedes Dorf ziert eine mächtige Kirche, meistens im neugotischen Stil des 19. Jahrhunderts. Große, prächtige Villen, Personenwagen der teuersten Klasse sind Zeichen des Wohlstands. Bis auf ein paar Nebensächlichkeiten muß es den Menschen hier wohl gutgehen.

Grandioso

Heil dir, o Oldenburg!
Heil deinen Farben!
Gott schütz' dein edles Roß,
Er segne deine Garben.
Wie deine Eichen stark,
wie frei des Meeres Flut,
sei deutscher Männer Kraft
dein höchstes Gut.

Ehr deine Blümelein,
pfleg ihre Triebe;
blau und rot blühen sie:
die Freundschaft und die Liebe,
Schleudert den fremden Kiel
der Sturm an deinen Strand,
birgt ihn der Lotsen Schar
mit treuer Hand.

Wer deinem Herde naht,
fühlt augenblicklich,
daß er hier heimisch ist.
Er preiset sich so glücklich.
Führt ihn sein Wanderstab
auch alle Länder durch,
du bleibst sein liebstes Land:
mein Oldenburg.

Tiere in Massen – Massentierhaltung

Die Südoldenburger produzieren Eier, mästen Brathähnchen und Schweine. Ihre Tiere halten sie in großen Beständen, das nötige Futter bauen die Landwirte nur zum geringen Teil selber an. Es wird dazugekauft. In der »intensiven Tierhaltung« leben die Tiere – zumindest während der Lege- oder Mastperiode – in einem hierfür technisch gut ausgestatteten Stall, mit wenig Bewegungsfreiheit, ohne Auslauf. Sie sollen Eier legen oder zunehmen. Sonst nichts.
In der sogenannten »vollintensiven Haltung« bleiben die Tiere ihr *ganzes* Leben in den geschlossenen Produktionshallen. Brüterei, vollklimatisierte Junghennenaufzucht, Käfighaltung, Schlachterei – das Leben eines Batteriehuhns!
Nach der offiziellen amtlichen Statistik gab es schon 1979 im Landkreis Vechta 15378003 Hühner, 651809 Schweine und 88508 Rindvieh, wobei das Landwirtschaftsministerium Hannover mindestens ein Drittel an Tieren zusätzlich rechnet, die von den Landwirten »schwarz« gehalten werden.
Selbst wenn man nur die offiziellen Angaben nimmt, so gibt es im Vergleich zur Bundesrepublik immer noch unglaublich viele Tiere im Landkreis Vechta. Das wurde durch die Massentierhaltung möglich. Die Tiere sind auf geringem Raum konzentriert, der Tierbestand wird häufig gewechselt (wegen kurzer Mast- und Legeperioden), Fütterung und Entsorgung sind technisiert und brauchen kaum Arbeitskräfte. Das Futter wird, um Zeit zu gewinnen, optimal zur Aufzucht und Mast genutzt.
Nach dem Zweiten Weltkrieg entstand so eine Form der Landwirtschaft, die das Tier als reines Produktionsmittel begreift und das Letzte aus den Tieren herausholt.
Um dieses System so optimal wie möglich zu nutzen, wurden Wissenschaft und Technik bemüht; Konzerne und staatliche Stellen zahlten. Es wurden »passende« Tiere gezüchtet, Impfpläne aufgestellt und die durch starke Konzentration entstehende Seuchengefahr eingedämmt. Es wurden automatische

Schweine in Massentierhaltung

Fütterungsanlangen, Entmistungsvorrichtungen und spezielle Käfige entwickelt. Futtermittelhersteller, chemische und pharmazeutische Industrie suchten nach den wirkungsvollsten Futtermischungen – und die Märkte wurden erobert.
Im Raum Vechta gibt es kaum einen Landwirt, der auf die Vorzüge der Massentierhaltung verzichten will und kann. An die Tiere und die Qualität der Lebensmittel dachten nur die Tierschützer und einige wenige Verbraucher.
Die Diskussion um die »Massentierhaltung«, vor allem die Käfighaltung, entflammte, und der Begriff »Massentierhaltung« verschwand aus dem offiziellen Sprachgebrauch. Man besann sich auf den schon lange gebräuchlichen und vornehmeren Terminus »Veredelungswirtschaft«. Von Massentierhaltung spricht in Oldenburg niemand mehr. Getreide und Mais werden »veredelt«. Durch den Schweinemagen – zu Fleisch. Nur bringt ein Kilo Getreide nach der »Veredelung« lediglich ein Drittel des ursprünglichen Kalorienwertes! Anders herum: Für ein Kilo

Schweinebraten muß der Landwirt drei Kilo Getreide verfüttern!

Die massenhafte Veredelung in Großbestandshaltungen hat allerdings, neben deutlichen ökonomischen Vorteilen, auch »einige« unangenehme Nebenerscheinungen. Woher soll soviel Futter kommen, da auf den eigenen Flächen nicht genug zu erwirtschaften ist? Wohin mit den Fleisch- und Eiermassen? Aufgrund der Überproduktion von Schweinen, Geflügel und Eiern in der EG gibt es seit einigen Jahren Absatzschwierigkeiten und immer wieder rapide Preisstürze.

Viele Landwirte geraten einerseits wegen ihrer Spezialisierung, die sie nicht mehr wie früher durch andere Produktionszweige auffangen können, in große Probleme. Andererseits haben sie nicht den agrarindustriellen Massenausstoß, um mit riesigen Stückzahlen Niedrigpreise auszugleichen. Ein Bauer mit 30000 Hähnchen und 20 Mastbullen produziert in Südoldenburg am Rande des Existenzminimums!

Er müßte aufstocken. Aber: Pro Hektar Land darf der Bauer nur eine bestimmte Anzahl von Tieren halten.

Hat er mehr, gilt der Betrieb nicht mehr als Landwirtschafts-, sondern als Gewerbebetrieb. Dann muß Gewerbesteuer bezahlt werden! (Bewertungsgesetz, § 51) Um dieser Steuer zu entgehen und dennoch die Produktion zu steigern, brauchen die Betriebe mehr Land.

Das aber ist verteilt. An eine Erhöhung der Bestände, um bei ständig steigenden Kosten (z. B. für Mechanisierung) konkurrenzfähig zu bleiben, ist also gar nicht zu denken. Bleibt Betriebsaufgabe oder Verpachten.

Diese »freien« Höfe schlucken die Großen, die Zahlungskräftigen. Mit der Zeit bleiben nach und nach die kleinen Betriebe auf der Strecke. Immer mehr Höfe mit 20 ha und weniger verschwanden in den letzten Jahren.

Seit 1960 verläuft der Wachstumsprozeß der Höfegruppe in der Größe zwischen 50 und 100 ha im Landkreis Vechta achtmal so heftig wie in der gesamten Bundesrepublik.

Die Konzentration in der Klasse der Höfe über 100 ha übertrifft den bundesrepublikanischen Durchschnitt immerhin noch um das Siebenfache.

Kritisch zugespitzt haben sich die ökologischen Probleme. Die Abluft der Stallanlagen stinkt bestialisch und gefährdet die Gesundheit. Wohin mit den Tierkadavern aus den Ställen und den Massen von Schlachtereiabfällen? Wohin mit mehreren Millionen Kubikmetern Gülle, die jedes Jahr irgendwo in der Landschaft untergebracht werden müssen? Die Überbeanspruchung der Umwelt wurde klar, als bei neueren Messungen in 50 m Tiefe im Trinkwasser nach Auskunft der Umweltschützer Nitratgehalte von 400 bis 450 mg pro Liter festgestellt wurden! Der zugelassene Wert für Trinkwasser beträgt 90 mg in der Bundesrepublik und höchstens 50 mg international!

Die Sache mit dem Flüssigmist

Gülle – Tier-Urin und mit Wasser verflüssigter Kot – ist hochwertiger Naturdünger. Ohne sie würde auf den schlechten südoldenburgischen Sandböden wenig wachsen, und Kunstdünger wäre, in den nötigen riesigen Mengen, nicht zu bezahlen. Mit dem anfallenden Naturdung einer intensivierten Tierhaltung konnten die Ackererträge deutlich gesteigert werden. Sie können es vielleicht auch weiterhin – vorausgesetzt, die Gülle wird in Mengen angewendet, die Boden und Pflanzen vertragen.

Selbst Wissenschaftler, die den Strukturen und Problemen des Raumes außerordentlich wohlwollend gegenüberstehen, sprechen aber oft nicht mehr von Düngen, sondern von Abfallbeseitigung. Wen wundert das, angesichts der allein im Kreis Vechta anfallenden Güllemengen?

Jahrhundertelang vermischten sich in den Ställen die tierischen Exkremente mit der Stroh-Einstreu der Festmist. Heute, in der Massentierhaltung, stehen die Tiere auf Spaltenböden. Durch die Spalten fallen Urin und Kot nach unten. Durch Zusetzen großer Wassermengen entsteht in einer modernen automatisierten Schwemmentmistung Flüssigmist, die Gülle. In flüssiger Form läßt sich dieser Mist mit Pumpen und Fässern leicht transportieren. Außerdem verlangsamt der geringe Luftzutritt während der Lagerung in Güllebunkern die Zersetzung und verhindert dadurch weitgehend Nährstoffverluste. Gülle düngt den Boden also weit besser als Festmist.

Während der Wintermonate von November bis März bringt die Gülle, so Professor Vetter aus der Landwirtschaftskammer Oldenburg, keinerlei Dünge-Effekt. Die Natur ruht, und die Gülle geht ins Grundwasser!

Im Sommer, wenn die Kühe auf den Grünflächen weiden und auf den Äckern das Getreide hoch steht, platzen Güllebunker und Lagunen fast aus den Nähten. In ihrer Not müssen einige Bauern den wertvollen Dünger einfach in Vorfluter, Bäche, Straßengräben oder an Waldränder kippen.

Güllekanone auf abgeerntetem Maisacker

Großes Aufsehen erregten im Juli 1972 die ersten schwerwiegenden Verstöße gegen die im Kreis Vechta schon 1971 erlassene regionale Gülle-Verordnung und gegen das seit 1972 gültige Bundes-Abfallbeseitigungsgesetz.
In den Gemeinden Neuenkirchen, Damme und Visbek wurden riesige Güllemengen in Sandgruben gepumpt oder sinnlos auf Ödland aufgebracht. Derartige Verstöße gibt es zwar öfter, sie zeigen aber nur die »Spitze« des Gülleproblems.
Auch bei den Landwirten, die die Gesetze streng beachten (das ist die Mehrzahl), und denjenigen, die den Empfehlungen ihrer Landwirtschaftskammer folgen, treten Schwierigkeiten auf. Eine ständige intensive Gülledüngung kann auf Dauer zu Ertragsminderungen führen.
Oberflächiges Abfließen in die Bäche hat schon viele Pflanzen- und Tierarten vernichtet.
Der schlechte Zustand der Wasserläufe zeigt sich deutlich an den geschlossen mit Brennesseln bewachsenen Ufern und Böschun-

gen. Außerdem wurden drastisch steigende Nitratwerte im Grundwasser registriert.
Die Bauern geraten in eine fast ausweglose Situation: Täglich fällt die gleiche Menge Gülle an, meist zuviel, um sie sinnvoll einzusetzen. Um das zu tun, müßten sie irgendwo Ackerflächen dazupachten. Die aber sind, weil viele dasselbe Problem haben, nicht zu bekommen, nicht bezahlbar oder unrentabel, weil sie zu weit von den Ställen entfernt liegen.
Also müßten die Landwirte Tiere abschaffen! Das kann – zumal bei der angespannten Lage auf dem Agrarmarkt – den finanziellen Ruin bedeuten. Möglicherweise den Ruin der gesamten Region!
Was bleibt also?
Gülle kann man als wertvollen Naturdünger verkaufen. Das lohnt sich vorläufig jedoch nur in einem Umkreis von 60 km und bei entsprechend großen Überschußmengen, also am ehesten für die großen Gewerbebetriebe. Welcher durchschnittliche Mäster kann mit Gülleproduzenten konkurrieren, die hunderttausende »Gülle-Liter« täglich anbieten? Und wie viele Abnehmer gibt es in einem Gebiet der intensiven Massentierhaltung, in einem Gebiet, in dem beinahe jeder Landwirt täglich selber Gülle produziert?
Was also tun?
Biogasanlagen seien ökonomisch angeblich noch nicht vertretbar, Trocknung zu energieaufwendig, und die Verfütterung getrockneter Gülle als Rauhfutterersatz – so eine Empfehlung mancher Wissenschaftler – scheitere außerdem an bestehenden Gesetzen. Glücklicherweise!
Da hilft nur noch eines: Beten – und kräftig weitergüllen! Was wächst auf übergüllten Feldern? – Mais! Er reagiert auch bei Überdüngung nicht empfindlich. Und er hat in diesem Kreislauf noch eine Menge andere Vorteile …

Mais – Futtermittel und Güllefresser

Dem Mais geht's gut

Seit dem Beginn der siebziger Jahre, der ökonomischen Blütezeit der Massentierhaltung, hat sich der Maisanbau in Südoldenburg beängstigend schnell ausgebreitet, denn Mais wurde als hervorragendes Futter und als »Güllefresser« beliebt. Auf den sonst wenig ertragreichen südoldenburgischen Sandböden gedeiht der Mais bei entsprechend hoher Naturdüngung ausgezeichnet. Außerdem braucht er erst Anfang Mai gepflanzt zu werden, eine Eigenschaft, die es den Massentierhaltern ermöglicht, vor der »wachstumsbedingten« Sommerpause ihre Güllebunker noch einmal zu leeren.

Mais wächst auch dann noch, wenn er zentimetertief in der Gülle steckt. Er nimmt die höchsten Nitratwerte auf, ohne einzugehen. So können in der Nähe der Ställe große Mengen Gülle aufgebracht werden, was aus betriebswirtschaftlicher Sicht Transportkosten spart. Zudem lassen sich alle Arbeitsvorgänge vollständig mechanisieren.

Die »intensive« Geflügelhaltung und die Verwendung von Mais in der Mast haben die findigen südoldenburgischen Landwirte bei Studienreisen durch die USA kennengelernt. Die entsprechenden Hybridsorten (Saatgut) haben sie gleich von den Zuchtanstalten mitgebracht (Dekalb, Pioneer Seed). Die meisten Studienreisen organisierte im übrigen die Firma Big Dutchman, einer der weltgrößten Produzenten von Tierhaltungsanlagen, seit 1948 mit Sitz in Calveslage, Südoldenburg!

Und die zuständige Landwirtschaftskammer Weser-Ems in der Stadt Oldenburg bestätigte den Landwirten ihr sinnvolles Tun in großangelegten wissenschaftlichen Versuchen, machte Vorschläge zu Anbaumethoden, Sortenwahl, Schädlings- und Unkrautbekämpfung und förderte so – neben den Saatzuchtunternehmen und den Produzenten für Stalleinrichtungen – kräftig den Kreislauf von Massentierhaltung, Gülle und Mais.

Raine, Hecken und Alleen verschwanden, um den Mais – günstig für mächtige Landwirtschaftsmaschinen – großflächig anbauen

Endlose Felder – Mais in Monokultur

zu können. Die »Vorteile« eines ausgedehnten Anbaus haben dazu geführt, daß bereits 40% der Ackerflächen mit Mais bepflanzt sind – in den meisten Gemeinden sogar bis zu zwei Dritteln. Die Ausbreitung nimmt weiter zu. Die Folge: eine ökologisch nicht vertretbare Monokultur mit starken Bodenerosionen und mit Sandwüsten.
Trotz der weiten Verbreitung im Landkreis, trotz einer Monokultur, die Ende der achtziger Jahre die 60%-Grenze überschreiten soll, liegt der Selbstversorgungsgrad bei Futtermitteln in Vechta zur Zeit bei lächerlichen 15%! Die Angaben schwanken allerdings zwischen 15% und 30%. Oldenburger Zählweise?
Auf alle Fälle – ob 15 oder 30% –, die Abhängigkeit vom Futtermittelimport, vom internationalen Futtermittelmarkt, gelenkt durch einige wenige Konzerne an der Weizenbörse Chikagos, ist bedrückend. Bei Sperrung der Zufuhr könnten die Oldenburger ihre Tiere höchstens zwei bis drei Tage weiterernähren!
Ob die Massentierhaltung Gewinn abwirft, Verluste einbringt oder gar in den Ruin führt, hängt entscheidend von den Preisen für Mais, Getreide, Soja und Tapioka ab – und den bestimmen die internationalen Futtermittelkonzerne in den USA. Sie stört es keineswegs, wenn in Hannover, Bonn und Brüssel fleißig versucht wird, Agrarpolitik zu machen. Hauptsache, diese Bemühungen arten nicht in eine Geschäftsbehinderung aus!

Futtermittelproduzenten, Zuchtunternehmen, Hersteller von Stallanlagen und Stalleinrichtungen fördern die Bildung von Großunternehmen. Ebenso stark interessiert an landwirtschaftlichen Großbetrieben sind die Nahrungsmittelkonzerne und Supermarkt-Ketten. Sie brauchen rund ums Jahr Massen gleichbleibender Lieferungen in vorauszukalkulierenden Mengen. Arbeitstechnisch und finanziell verzichten sie gern darauf, mehrere Millionen Eier täglich – Dutzend für Dutzend – bei den Bauern in der gesamten Bundesrepublik einzusammeln. Ein paar Großbetriebe können billiger und schneller liefern.
Die Produkte sollen außerdem immer gleiche »Qualität« besitzen. Die Schlachtereien und die Kühlhäuser, die Verarbeitungs- und Verpackungsmaschinen, der Vertrieb und die Läden müssen ausgelastet sein. Arbeitsplätze sollen gesichert werden. Außerdem »will schließlich der Verbraucher« die leckeren frischen Köstlichkeiten aus den Oldenburger Landen jederzeit konsumieren können!
Eine fast vollständige Industrialisierung läßt sich zur Zeit nur in der tierischen Produktion, also bei Geflügel, Kälbern und Schweinen durchführen. Hier ist es Wissenschaft und Technik – und dem Ideenreichtum findiger Kaufleute – gelungen, die alte Abhängigkeit von den natürlichen Wachstumsbedingungen weitgehend zu beseitigen. Die Natur wurde den Zwängen industrieller Herstellungsmethoden angepaßt. Kontinuität – unter Ausschaltung von Witterungseinflüssen, Schwankungen in der Produktionsmenge und Wachstumszyklen – lastet Ställe und Anlagen gleichmäßig aus und sorgt für regelmäßigen Absatz. Diese technischen Möglichkeiten könnten auch Landwirte und kleinere Gewerbebetriebe in ihrer Existenz sichern. Ihnen fehlt aber das Kapital, um ihre Betriebe agrarindustriell zu organisieren, d. h. aufeinanderfolgende Betriebseinheiten wie Erzeugung, Be- und Verarbeitung, Lagerung, Vermarktung und Transport unter einer Unternehmensführung zusammenzufassen.

Bäuerliche Landwirtschaft? – Links im Bild ein Güllesee

Wenige Unternehmen sind fähig, die landwirtschaftlichen Erzeugnisse in den erforderlichen Massen selber herzustellen. Aber sie haben Kapital und die Phantasie alter ostelbischer Gutsbesitzer. Durch Pacht- und Absatzverträge werden solche Bauern integriert, die das Rennen unter den harten Konkurrenzbedingungen aufgegeben haben.

In einem »vertikalen Integrationssystem« stellen die Bauern Ackerflächen und Ställe, nehmen Gülle ab und liefern zu diktierten Preisen. Sie sind quasi Lohnarbeiter auf ihren verpachteten Höfen. Sie tragen dabei weitgehend das Produktions- und Marktrisiko!

In der Lohnmast liefert das agrarindustrielle Unternehmen die Tiere und das Futter, schickt den »entsprechenden« Tierarzt und zahlt die Tierversicherung. Der Bauer stellt Gebäude und Arbeitskraft. Er verdient im Schnitt die Hälfte eines »frei« mästenden Bauers!

Banken, Futtermittelhersteller und Landhandel, Speditionen,

Ärzte, Rechtsanwälte und Architekten investierten und investieren in agrarindustrielle Kommanditgesellschaften. Ein traditioneller Bauer hat hier nichts mehr verloren.
Der Boom wurde unter anderem 1965 durch eine Änderung des Einkommensteuergesetzes ausgelöst. Denn ab jetzt war es möglich, zumindest auf dem Papier, in das sogenannte »kurzlebige Wirtschaftsgut« sprich Hühner (!) einzusteigen, zu investieren und damit kräftig Steuern zu sparen. Immerhin konnten die Tiere innerhalb eines Jahres voll von der Steuer abgesetzt werden! (Außerdem fallen die Kosten nach jeder Legeperiode neu an, weil dann wieder Hennen gekauft werden müssen.)
Der Dreh sprach sich herum. Viele, die in nichtlandwirtschaftlichen Bereichen zuviel Geld verdienten und die Steuer zumindest aufschieben wollten, besaßen plötzlich Papierbeteiligungen an Hühnerfarmen!
Auf einmal waren der Bertelsmann-Verlag, der »Nur-die«-Strumpfkonzern und einige andere Industrie- und Gewerbebetriebe im Besitz von riesigen Hühnerfarmen.
Innerhalb weniger Jahre wurden so die bäuerlichen Hühnerhalter vernichtet. Nach sieben Jahren, 1972, war die Geflügelhaltung bereits zu 75% in industrieller Hand. Gab es 1960 in Vechta noch 4703 Hühnerhalter, so waren es 1971, als diese Steuerregelung endlich wieder abgeschafft wurde, nur noch 1892. Den Rest besorgten die Industriellen unter sich: 1980 – 736 Hühnerhalter!
Den Bauern blieb die Schweinemast.
Agrarindustrielle Unternehmen arbeiten mit niedrigeren Produktionskosten als Landwirte. Fallen die Preise aufgrund von Überproduktion – und hierzu tragen diese Großunternehmen kräftig bei – überleben nur Betriebe mit den besten Produktionsbedingungen, nämlich die großen Agrarzusammenschlüsse. Sie hatten und haben gegenüber den ansässigen Bauern einen riesigen Vorteil, der kaum wettzumachen ist.
Sie haben die bodenunabhängige freie Standortwahl und verschaffen sich so die vorteilhaftesten Produktionsbedingungen mit den billigsten Arbeitskräften, der günstigsten Infrastruktur und der besten Lage bezüglich Zulieferung und Versand.
Da liegt man in Vechta goldrichtig. Zumal seit einigen Jahren auch die Schweinehaltung agrarindustriell betrieben werden

kann. So verschwinden die kleinen Bauern nach und nach aus ihren südoldenburgischen Stellungen und werden allenfalls noch als Arbeiter in das agrarindustrielle Integrationssystem eingebettet.
Professor Windhorst, Abteilung Vechta der Universität Osnabrück, hat 1975 die erste umfassende Analyse des südoldenburgischen Raumes veröffentlicht. Seine agrargeographische Untersuchung »Spezialisierte Agrarwirtschaft in Südoldenburg« – überall als das *Grüne Hühnerbuch* bekannt – beschreibt den Zusammenhang zwischen Massentierhaltung, Gülle und Mais ausführlich. Seither befaßte sich Windhorst in zahlreichen weiteren Untersuchungen mit den Problemen der Region. Er gilt inzwischen als einer der besten Kenner Südoldenburger Verhältnisse. Ohne seine Publikationen könnte ein Fremder die Situation hier selbst in jahrelanger Arbeit kaum erfassen. Zumindest zahlreiche Details blieben ihm verborgen.

Abenteuer im Landwirtschaftsland

Als wir uns vor Jahren entschlossen, politische Dokumentarfilme zu drehen, war uns nicht klar, daß wir es von diesem Moment an für lange Zeit immer wieder mit Hühnern und Schweinen zu tun haben würden. Landwirtschaft hielten wir eher für ein Un-Thema, bis wir erkannten, daß die moderne Nahrungsmittelproduktion eines der verstecktesten und aufregendsten Reservate unserer Gesellschaft ist. Und dazu ein gefährliches Dikkicht! Mit Einflüssen und Wirkung auf jedes Mitglied dieser Gesellschaft.

Ein höchst politisches Thema also, vor Betrachtung und Untersuchung geschützt durch den Begriff »Landwirtschaft«, hinter dem große Teile der Bevölkerung – völlig zu Unrecht – nur die Tummelplätze angeblicher Bauerntölpel vermuten.

Nach zwei Filmen über Massentierhaltung wußten wir dann, daß moderne Landwirtschaft eine knallharte Sache ist, mit allen Zutaten eines guten Krimis, und daß die bäuerliche Welt nur noch irgendwo in den Alpen und in unseren Schul-Lesebüchern ein idyllisches Leben fristet.

Wir drehten zunächst »Wie Käfighühner Europa gefährden« und »Wer hat das Schwein zur Sau gemacht?« (Dokumentationen für die ARD im Auftrag des Saarländischen Rundfunks.) Danach war klar, daß die massenhafte Erzeugung von Eiern und Fleisch inzwischen Agrarindustrielle (sprich Großkaufleute) begünstigt und echte Bauern kaputtmacht. Daß Politiker die Gesetze den wirtschaftlichen Prozessen anpassen und nicht den Wünschen der den Staat bildenden Menschen. Daß Wissenschaftler sich in den Dienst der Geschäftemacher und der Gesetzemacher stellen und nicht die ethische Verantwortung übernehmen, zu der Forschung auf Kosten der Allgemeinheit verpflichtet.

Als uns Radio Bremen die Gelegenheit gab, für seine Sendereihe »Unter deutschen Dächern« eine 45-Minuten-Dokumentation zu drehen, war das die dritte intensive Begegnung mit der Landwirtschaft. Thema: An die Mafia erinnernde »gemeinschädliche« Umtriebe eines Agrarbosses in Südoldenburg, als Beispiel für ein in sich faules und nur die Brutalsten begünstigendes System. (Filmtitel: »Und ewig stinken die Felder«. Erstsendung: ARD 8. 3. 84)

An jedem Tag, den wir in Südoldenburg verbrachten, und in den vielen Monaten, in denen wir über Südoldenburg lasen oder sprachen, sahen wir, daß unsere Kritik an der Agrarpolitik bisher nicht streng genug gewesen war.

Wir begriffen endgültig, daß alles Gerede der Politiker vom Schutz der bäuerlichen Familien und vom Aufrechterhalten des bäuerlichen Familienbetriebes durch ihre Taten Lügen gestraft wird. Bei der Beobachtung eines ausgewählten »Falles« für den Film, bei der Rekonstruktion der Handlungen eines einzigen Agrarindustriellen erkannten wir, daß die agrarpolitischen Maßnahmen offensichtlich Parasiten begünstigen, die fett und üppig werden inmitten einer gewachsenen bäuerlichen Bevölkerung, deren Lebenschancen ständig abnehmen. Während selbst viele Bauern-Funktionäre in Südoldenburg noch immer nicht glauben wollen, daß sie auf Landes-, Bundes- und auf EG-Ebene verschaukelt werden, kann das jeder fremde aufmerksame Beobachter unschwer erkennen, wenn er sich die Zeit nimmt.

Bei unserem Film stellten wir uns die Aufgabe, einen Mann und seine Aktivitäten darzustellen, der selber nicht dabei mitspielen wollte. Anton Pohlmann aus Nellinghof, das zum südoldenburgischen Neuenkirchen, dicht an der Grenze zum Landkreis Osnabrück gehört, verzichtete auf die Selbstdarstellung. Als wir ihn fragten, sagte Pohlmann, die Journalisten und Filmemacher berichteten doch immer nur Negatives über ihn. Wir antworteten, daß wir ihn – und sein Imperium als Deutschlands größter Eierproduzent – tatsächlich kritisch sähen. Anton Pohlmann fand daraufhin wohl ein Mitwirken in dem Film wenig ertragreich...

Wir hatten etwas Mühe, die eigenen Skrupel zu überwinden, als wir uns entschlossen, Pohlmann auch ohne Pohlmann darzustellen. Ausschlaggebend war die Liste seiner Taten. Wir fanden in seiner gut fünfzehnjährigen Geschäftszeit als Agrarindustrieller vom Ställebauen ohne Genehmigung – über einen saftigen Lebensmittelskandal und die ständige Mißachtung von Umwelt-Bestimmungen – bis hin zur Zerstörung eines riesigen Erho-

lungsgebietes so viele Verstöße und Gesetzesübertretungen, daß uns letzten Endes jede Hemmung, dieses schädliche Wirken zu dokumentieren, verließ.
Ein derartig schlechtes Beispiel kann dazu beitragen, der ländlichen Bevölkerung und uns allen zu zeigen, für wen und zu wessen Vorteil die politisch geförderte Konzentration und Industrialisierung der Landwirtschaft eigentlich geschieht: In dem kleinen Landkreis Vechta, in Südoldenburg, kann jeder lernen, welche verheerenden Folgen es hat, wenn das Wohlergehen der Menschen in einer Region der Geldvermehrung von Einzelpersonen geopfert wird.

Anton Pohlmann – zum ersten

Anton Pohlmann wurde zunächst Bäckergeselle, denn sein Bruder hatte den väterlichen Geflügelbetrieb in Lohne (Landkreis Vechta) geerbt. In der Gegend erzählt man, daß er erst 1968 sein »Hühnerherz« entdeckte und mit nur 20000 Mark anfing.

Das Pohlmann-Imperium umfaßt heute alles, was für die Eierproduktion nötig ist. Eine Elterntierfarm für die Bruteier, eine eigene Brüterei, Ställe für die Junghennenaufzucht, acht Legehennenfarmen, ein Mischfutterwerk, ein Silo zur Futtermittelaufnahme von ankommenden Schiffen, Sortier- und Packstellen für die Eier, eigene Vermarktung und schließlich ein Eiproduktenwerk, das Knick- und Schmutzeier zu Flüssig-Ei verarbeitet und an die Nahrungsmittelindustrie weitergibt, für Eierlikör, Nudeln, Tütensuppen, Fertigtorten etc.

Nur die weiblichen Küken haben eine Chance im Pohlmann-Reich. Die jeden Monat schlüpfenden 200000 Stück werden geimpft, erhalten Vitamingaben und antibiotische Futterzusätze, um »recht gesund« in die Käfige zu gelangen. (Das Landwirtschaftsblatt Weser-Ems empfiehlt allein vierzehn Impfungen bis zur 20. Lebenswoche!) Den männlichen Küken der Legerassen bleiben diese Prozeduren erspart; sie gehen gleich nach dem Schlüpfen als Futter in Pelztierfarmen.

Die Hennen werden etwa eineinhalb Jahre lang leben und an die 280 Eier legen. Sie enden als Suppenhühner in den Gefriertruhen der Supermärkte. Deutschlands größter Eierproduzent vermarktet täglich zwei Millionen Eier an Handelsketten wie Aldi.

In jeder der acht Legehennen-Farmen Anton Pohlmanns betreuen fünf bis sechs Leute 500000 Hühner. Es sind vor allem Frauen und Türken. Deren Lohnforderungen können leicht gedrückt werden. Nicht vergütete Überstunden, bei Krankheit sofort entfallende Zuschläge und Prämien, keine Gewerkschaft, kein Betriebsrat – das ist die Situation.

Der Chef selber kontrolliert täglich alle Betriebe, überwacht Ein- und Verkauf, fällt alle Entscheidungen. Keiner der leiten-

Zwischen den Hallen einer Hühnerfarm in Neuenkirchen/Nellinghof

den Angestellten hat Prokura. Anton Pohlmann ist der vielleicht fleißigste aller reichen Männer Südoldenburgs. Finanziellen Erfolg bringt ihm außer dem persönlichen Einsatz die autoritäre und harte Personalführung. Die Lohnkosten in den Pohlmann-Betrieben liegen etwa fünf Prozent unter denen vergleichbarer Konkurrenten!

Etwa 25 Millionen Mark sollen jährlich bei dieser Arbeit herausspringen, haben Leute aus der Gegend errechnet. Anton Pohlmann steht häufig vor Gericht, und wenn er Strafen zahlen muß, gilt ein Tageseinkommen von 70000 DM als Bemessungsgrundlage für die ihm auferlegte Geldbuße.

Der ehemalige Bäckergeselle aus Lohne tut mit seinem Geld, was nach der deutschen Steuergesetzgebung nicht verboten ist: Er transferiert große Teile davon in andere Länder. Betriebe in Ohio (USA) und in Indianapolis (USA) sind bekannt. Außerdem ist die Rede von Investitionen in Kanada.

Auskünfte über sich und sein Unternehmen erteilt Pohlmann heute nicht mehr. Mit uns wollte er, als wir ihm eine vorteilhafte Behandlung nicht zusichern mochten, lieber nicht sprechen. Die Informationen dieses Kapitels stammen deshalb überwiegend aus einer Diplomarbeit, die Karl-Heinz Hanken Ende 1980 unter dem Titel »Entwicklungstendenzen in der Landwirtschaft am Beispiel der industrialisierten Landwirtschaft im Weser-Ems-Gebiet« im Fach Sozialwissenschaften an der Universität Oldenburg verfaßte. Damals hatte zumindest ein leitender Angestellter Pohlmanns mit Hanken über Einzelheiten der Firmenstruktur gesprochen.

Wildwest in Oldenburg

Anton Pohlmann ist nicht der einzige, der die südoldenburgische Landwirtschaft als ideales Feld zum Geschäftemachen entdeckt hat. Die Agrarindustrie hat das ehemalige Bauernland – Heil Dir, o Oldenburg! – längst fest im Griff. Traurig stimmte uns bei unseren Aufenthalten, daß die hier lebenden ausgesprochen klugen, humorvollen und kreativen Menschen nicht recht glauben mögen, daß ihre Heimat irgendwann so verändert ist, daß ihnen jede Freude daran genommen sein wird. Mit Hilfe der politischen Weichenstellung geht es seit fast drei Jahrzehnten in die Industrialisierung.

Im Gegensatz zu Anton Pohlmann fielen die anderen Agrarindustriellen in der Öffentlichkeit nie in diesem Ausmaß unangenehm auf. Die anderen Familien-Clans beschränkten sich auf »legale« Formen, um ihre Expansionslust zu befriedigen. Nur Pohlmann war so ungeschickt, sein ständiges Größerwerden unentwegt mit Gesetzesübertretungen zu garnieren.

Kritik gegenüber den anderen Giganten ist deshalb in Südoldenburg, im Landkreis Vechta zwischen Visbek und Damme, bedeutend verhaltener zu hören. Daß die Ausbreitung der Agrarindustrie die gesamte Struktur der Region verändert, ist eben ein viel feinerer »Tatbestand« als die holzhackerischen Gesetzesbrüche von Pohlmann.

Nur gut Informierte kommen nach längerer Untersuchung dahinter, daß den erfolgreichen Oldenburger Jungens, den reich gewordenen Nachbarsöhnen, »mit denen man schließlich in dieselbe Klasse gegangen ist«, die geschäftliche Tüchtigkeit irgendwann zum Vorwurf gemacht werden muß. Dann genau nämlich, wenn sie durch Konzentration und Rationalisierung, wenn sie mit Industrialisierung alles kaputtgemacht haben, was die ursprünglich bäuerliche Bevölkerung als nicht nur zwangsläufige, sondern auch gewollte und gewählte Lebensform ansieht.

Nicht jeder Landwirt in Südoldenburg, das haben wir bei der Vorbereitung und bei der Realisation unseres Filmes »Und ewig stinken die Felder« festgestellt, hat das Gefühl für die bäuerliche Unabhängigkeit verloren. Wir fragten uns, inwieweit diese Leute ahnen, daß bestimmte Gefühle keine Basis mehr haben, daß es für die nächste oder übernächste Generation – zumindest in dieser Gegend – mit dem Gefühl, ein freier Bauer zu sein, ganz aus und vorbei ist.

Viele meinen eben, es sei schon noch immer ein bißchen so wie bei Sismonde de Sismondi in seinen »Etudes sur l'économie politique«, in denen der konservative Nationalökonom im vergangenen Jahrhundert das bäuerliche Ideal beschreibt:

»Überall, wo bäuerlicher Grundbesitz zu finden ist, ist auch jener Wohlstand, jene Sicherheit, jenes Zutrauen in die Zukunft, jene Unabhängigkeit anzutreffen, die gleichzeitig Glück und Tugend sichert. Der Bauer, der mit seinen Kindern seine ganze Arbeit auf seinem kleinen Erdteil verrichtet, der weder einen Pachtzins an jemand über ihm zahlt, noch einen Lohn an jemand unter ihm zahlt, der seine eigene Produktion nach den Bedürfnissen seines Konsums einrichtet, der sein eigenes Getreide ißt, seinen eigenen Wein trinkt, sich mit dem selbstgebauten Flachs und der selbst gezogenen Wolle kleidet, kümmert sich wenig um die Marktpreise; denn er hat wenig zu kaufen und zu verkaufen, und er wird niemals durch Handelskrisen ruiniert... Sein kleines Erbgut ist eine wahre Sparkasse, die immer bereit ist, alle seine Gewinne aufzunehmen, alle seine Augenblicke der Muße zu verwerthen. Die immer thätige Kraft der Natur befruchtet sie und belohnt sie hundertfach. Der Bauer empfindet auf das Lebhafteste das Glück, das mit seinem Besitztum verknüpft ist.«

Wenn man die Agrarindustrie unter die Lupe nimmt, geht es nicht darum, in naiver Rückschrittlichkeit Gefühle vergangener Jahrhunderte »hochzustreicheln«, weil damals alles noch so furchtbar nett war!

Aber es geht darum, den Menschen, die von umwälzenden Entwicklungen betroffen werden, früh genug zu erzählen, wie ihre Welt dann aussieht, sie also in die Lage zu versetzen, in klarer Sicht mitzuentscheiden. Über etwas, das sie – so oder so – in ihrer gesamten Existenz erfassen wird.

Deshalb ist es nötig, die industrielle Landwirtschaft zu untersuchen. Schon jetzt beträgt die Arbeitslosigkeit im Arbeitsamtbezirk Vechta an die 20%. Wenn der Strukturwandel weiter Arbeiskräfte einspart und kleinere Bauern vertreibt, florieren zwar Teile der Wirtschaft immer noch — aber doch keineswegs die Volkswirtschaft insgesamt!

Die zahlreichen Publikationen von Prof. Dr. H. W. Windhorst (Universität Osnabrück, Abteilung Vechta) gehören selbstverständlich zum Studium, wenn man die Situation in Südoldenburg verstehen will. Eine wichtige Quelle war uns beim Durchforsten des Südoldenburger Wunderlandes immer wieder die Arbeit von Karl-Heinz Hanken, der die Entwicklung und die Struktur zahlreicher Firmen gewissenhaft schildert.

Ohne solche Untersuchungen wäre niemand in der Lage, die Veränderungen der Region überhaupt festzustellen – geschweige denn zu kritisieren. Für die folgenden Kurzportäts einiger Unternehmen ist Hankens Arbeit über die industrialisierte Landwirtschaft im Weser-Ems-Gebiet die wichtigste Informationsquelle.

Mit Hilfe dieser Firmenbeschreibungen mag der Leser allmählich erfassen, was er sich unter moderner Landwirtschaft vorzustellen hat und daß die Legehenne hier ein wichtiger, aber längst nicht der einzig »gutgehende Artikel« ist. Nicht alles, was in den Firmenporträts beschrieben wird, ist auf dem neuesten Stand, da die Hanken-Arbeit schon Ende 1980 erschien. Manches läßt sich nicht aktualisieren, da die Firmen in dieser Region – verärgert und gewarnt durch zunehmende Kritik an der Agrarindustrie – inzwischen weniger auskunftfreudig sind, vor allem gegenüber Bücherschreibern und Filmemachern.

COSTAS 84

Kälber, Bullen, die Holländer, das Schlachten

In Steinfeld, im Landkreis Vechta, hatte Engelbert Boning eine Kälbergroßmästerei mit Schlachterei aufgebaut: 16000 Mastkälber schon 1972 – ein stattlicher Bestand. 4000 mästete er selber – der Rest steckte in den Ställen von 66 Vertragsmästern in Südoldenburg. Überproduktion – und durch Östrogen-Skandale abgeschreckte Käufer vermiesten das Geschäft. Boning verkaufte an den holländischen Kälbermilchproduzenten Denkavit. (Die Bauern mästen nach dem Wechsel bedeutend mehr Tiere für Denkavit als jemals für Boning.)

Boning selber hatte dann Bullen, in einem Stall für 2000 Tiere. Weil er kein Land für das Futter hatte, ließ er Vertragsbauern Grünmais produzieren. Er besaß das Geld und die Maschinen für die Ernte, und wenn die Zeit knapp wurde, engagierte er die Bauern auf ihren eigenen Feldern als Lohnarbeiter. Obwohl Boning später auch die Bullenmast wieder aufgab, zeigt sein Beispiel deutlich: Heutzutage ist es in Südoldenburg wichtiger, ein cleverer Geschäftsmann als ein guter Landwirt zu sein.

Als Boning aufhörte, kaufte die Versandschlachterei Steinemann aus Steinfeld die Ställe und die Schlachterei, nur den Bullenstall übernahm ein Landmaschinen-Großhändler, also wieder einer, der Kapital hat statt bäuerlichem Wissen. Beide verpachteten dann das Frischgekaufte an einen holländischen Kälbergroßmäster.

Die Firma Steinemann ist (wer schon etwas weiter ist im südoldenburgischen Denken, den wird es nicht wundern!) natürlich auch nicht nur eine Versandschlachterei und auch nicht nur eine Fleischwarenfabrik mit Tiefgefrierlagerhaus. Steinemann produziert seine Schweine und auch das erforderliche Mischfutter selber. 16000 Mastplätze hatte er schon 1980. Das heißt: pro Jahr 35000 Schweine. Der Gesamtumsatz: 150 Millionen.

Grenzschmuggel, Entdeckung der »Pommes mit Mayo« und – wer hat die dicksten Kartoffeln?

Aldrup bei Wildeshausen liegt nicht mehr im Landkreis Vechta, sondern direkt an der nördlichen Kreisgrenze, aber die Expansion der Firma Stöver ist so typisch für die Gegend, daß sie hier dargestellt werden muß. Bis 1967 war Stöver ein bäuerlicher Betrieb mit 50 ha Fläche. Er ernährte die Familie. Dann schmuggelte Reinhold Stöver, weil es damals noch nicht legal möglich war, ein paar Zentner holländische Bintje über die Grenze. Diese Pflanzkartoffeln waren der Grundstock seines künftigen Pommes-frites-Reiches.

Er experimentierte in der Küche an einem ganz normalen Kochherd und mit einer völlig undramatischen Oldenburger Bratpfanne, um das Geheimnis der in Holland schon lange zum »Volksnahrungsmittel« geworden Pommes zu lösen.

Er löste!

Bald vermarktete er die ersten Lieferungen an Imbißbuden der Umgebung. 1967 erreichte er eine Stundenleistung von 300 kg Pommes frites, 1973 schaffte seine Fabrikation 8 t in der Stunde.

Die Kartoffeln wurden knapp!

Reinhold Stöver überzeugte neunzehn Landwirte, mit ihm eine Erzeugergemeinschaft zu gründen. »Golden Geest« wurde das Unternehmen genannt; die Landwirte brachten 300 ha Fläche zum Kartoffelanbau mit. Im Laufe der Zeit wird die Erzeugergemeinschaft zum größten Vertragsanbauer der Bundesrepublik für Pommes-frites-Kartoffeln.

Stöver selber bleibt immer der Stärkste in dieser Gemeinschaft und dehnte seine eigenen Flächen auf 900 ha aus, 450 davon für den Kartoffelanbau. Die Pommes-frites-Erfolge gestatten ihm, höchste Pachtpreise für Flächen zu zahlen, ganze Bauernhöfe werden im Laufe der Zeit von ihm geschluckt. Der Pachtpreis liegt 1980 bei 1000 und sogar 1300 DM pro Hektar. (Im Bundesgebiet noch heute durchschnittlich 381 DM!)

Kein »echter« Bauer in dieser Gegend kann da mithalten und

Flächen für bescheidende Vergrößerung seines Betriebes dazupachten. Die Höfe kleiner Bauern werden, weil sie irgendwann wegen ihrer Größe – oder besser ihrer Kleinheit – gar nicht konkurrenzfähig sind, zu Nebenerwerbsstellen. Viele Landwirte arbeiten inzwischen bei Stöver in der Fritten-Fabrikation.

Die Firma Stöver ist heute eine Holding für sechs Produktions- bzw. Handelsgesellschaften, der Stöver-Hof mästet 10000 Schweine im Jahr für die eigene Fleischfabrik. Siebzig Lieferwagen und Kühl-Lastzüge bedienen die Kundschaft mit Pommes – und weil es schließlich dazugehört – auch gleich mit »Mayo« und Ketchup, allein davon 1500 t im Jahr.

300 Beschäftigte, kein Betriebsrat – Stöver ist Partriarch, berichtet Karl-Heinz Hanken in seiner Arbeit über die industrialisierte Landwirtschaft dieser Gegend, nachdem er drei Monate bei Stöver gejobt hat. Jüngere Frauen, zu ständiger Spätschicht verurteilt, könnten sich, so berichtet Hanken über Stöver-Kommentare, eine andere Arbeit suchen, wenn ihnen das nicht passe. Bei ihm hätten eben die Hausfrauen die Frühschicht – und damit basta!...

Vom Gefühl des Bauern auf eigener Scholle...

Ein paar Kilometer von Stöver entfernt läßt Otto Reinke die Möhren wachsen und die Landwirte für sich arbeiten. Er gründete mit einem Kollegen die ReHa GmbH & Co. KG und vermarktet Gemüse. Was auf seinen eigenen Feldern wächst, spielt längst eine untergeordnete Rolle; seine Existenzgrundlage ist das, was bei der Verarbeitung und dem Verkauf des fremden Gemüses herauskommt.

Reinke hat mit niedrigsten Preisen für scharfe Konkurrenz in der Gegend gesorgt, und alle Gemüsebauern um ihn herum, die bei den Niedrigpreisen nicht mehr mitkamen, großzügig für sich arbeiten lassen. Sein ganzer Trick war also, als erster für gute Verträge mit Konservenfabriken zu sorgen, dadurch ein Preisniveau festzulegen, die Angst der nichtkaufmännischen Bauern abzuwarten und ihnen dann – außer dem Anbau – alle weiteren Verarbeitungs- und Vermarktungsschritte »abzunehmen«.

Legal, clever und absolut marktwirtschaftlich!

Die Bauern fragen sich inzwischen schon, ob solche Gesichtspunkte für die Gestaltung eines Lebensraumes – ihres Lebensraumes nämlich – letztlich entscheidend sein sollen, ob sie es überhaupt sein dürfen.

Zitat »Gemüsebauer« Reinke, der seinen Vertragsbauern Saatgut zur Verfügung stellt, außerdem Pflanzmaschine und Hackgerät, der Felder spritzen läßt und zur Erntezeit den Roder vorbeibringt: »Wir stellen nur die Maschinen zur Verfügung und machen nicht die Arbeitskraft, sonst würden wir bei den Spitzen einen derartigen Arbeitskräftebedarf haben, den wir gar nicht aufbringen könnten. Und dies kann eben nur der Bauer; und der Bauer hat eben auch das Gefühl, auf eigener Scholle zu arbeiten...«

Karl-Heinz Hanken schreibt in seiner Arbeit: Während Reinke und die Pommes-frites-Fabrik Stöver mit den vertraglich ausgehandelten Preisen und Liefermengen kalkulieren können, bekommen die Bauern, was ihnen der Abnehmer diktiert.

»Farmfreude« und »Wiesenhof« – Brüten, Schlüpfen, Mästen, Essen

Beispiele für die Ergiebigkeit des Südoldenburger Landes im Hervorbringen findiger Köpfe gibt es an allen Ecken und Enden. Die heute bedeutenden Vermögen sind fast alle relativ jung, und immer wieder sind es Familien oder Familienclans, die es in Südoldenburg geschafft haben. In der Bundesrepublik hielt man sie vielleicht früher für Hinterwäldler, aber untereinander hatte man schon immer gewußt – an einem Oldenburger ist was dran!
Ein Beispiel für rasanten Aufstieg: die Weser-Ems-Brüterei in Rechterfeld. Sie hat einen Marktanteil von etwa zwanzig Prozent bei Brathähnchen (Broilern), gehört also zu Deutschlands größten »Geschäften« dieser Art. Eigentümer sind die Brüder Wesjohann aus Rechterfeld und das Tierzuchtunternehmen Lohmann AG (Cuxhaven) je zur Hälfte.
Elterntiere, Brüterei, Futtermittelwerk, Mast, Schlachten und Vermarkten – alles ist in einer Hand. So sieht Agrarindustrie aus. Welcher Käufer denkt daran, wenn er im Tiefkühlfach ein Hähnchen auswählt?

Das nebenstehende Schema von K.-H. Hanken zeigt den Aufbau des Unternehmens:

Kapitalstruktur des Konsortiums der Weser-Ems-Brüterei in Rechterfeld

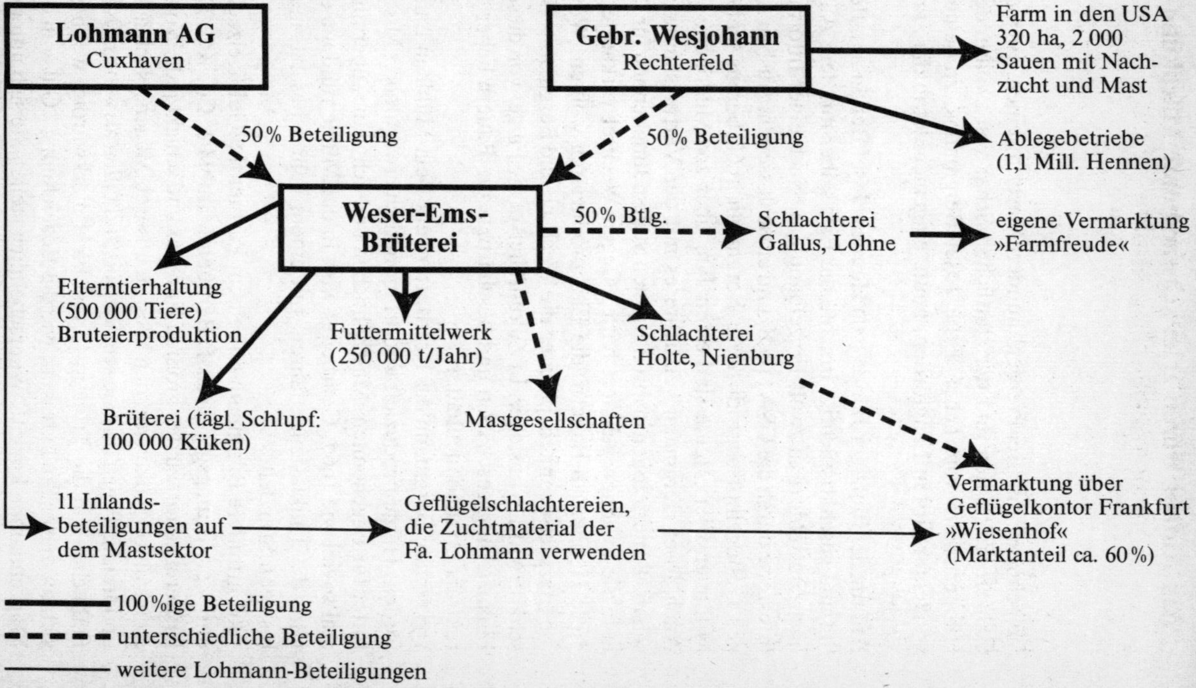

Am Anfang waren zehn schwarzbunte Milchkühe

Sie gehörten mit drei Pferden, hundert Mastschweinen, ein paar Gänsen und Enten und der stattlichen Schar von zweihundert Hühnern zum väterlichen Erbe Josef Bergmanns, zu seinem 35-Hektar-Hof in Langförden, heute eingemeindet in die Stadt Vechta.
Anfang der fünfziger Jahre: 3000 Hennen; Josef Bergmann, fleißig und geschäftstüchtig, brachte die Eier selber mit dem Auto nach Düsseldorf zu zwölf Einzelhändlern. Nach einer Informationsreise durch die USA (1958) und entschlossenem Ausbau seines Geflügelhofes produzierte Bergmann 1966 bereits sieben Millionen Eier. Heute sind es im Jahr über 200 Millionen.
Auch Josef Bergmann versuchte es mit der Vertragslandwirtschaft. Bauern zogen in ihren eigenen Ställen Junghennen für ihn auf, die er ihnen geliefert hatte. Gegen Wechsel verkaufte er diese Hennen an Bauern, die Eier produzieren wollten. Wenn die Eierpreise sanken, platzten die Wechsel, und Bergmanns Geschäfte wurden unsicher. In Zukunft ließ er die Finger von diesen Finanzierungsgeschäften und beschäftigte die Bauern lieber direkt als Lohnhennenhalter.
1967 baute Bergmann das Kraftfutterwerk Bela-Mühle in Langförden. Heute produziert er dort monatlich etwa 30000 t Mischfutter für Legehennen, Masthähnchen und Schweine, über fünfmal soviel wie 1967. Gearbeitet wird in der Mühle rund um die Uhr, die Tanklastzüge fahren, mit einem Fahrer besetzt, neun bis zehn Stunden.
1966 gründete Bergmann mit einem Partner die Geflügelzucht- und Verwertungsgesellschaft Bentheim GmbH & Co. KG. Die Brüterei gehört zu den größten Europas und schickt jede Woche eine Million Küken auf den Weg zu unseren Mägen. Nach achtunddreißig Tagen sind sie schlachtreif und fallen als »Guts-Gold-Hähnchen« in die Truhen. (Es ist *nicht* merkwürdig, wenn Sie sich an dieser Stelle fragen, wie die Bezeichnung »Guts« in den Markennamen kommt! Wahrscheinlich stellen Sie sich unter ei-

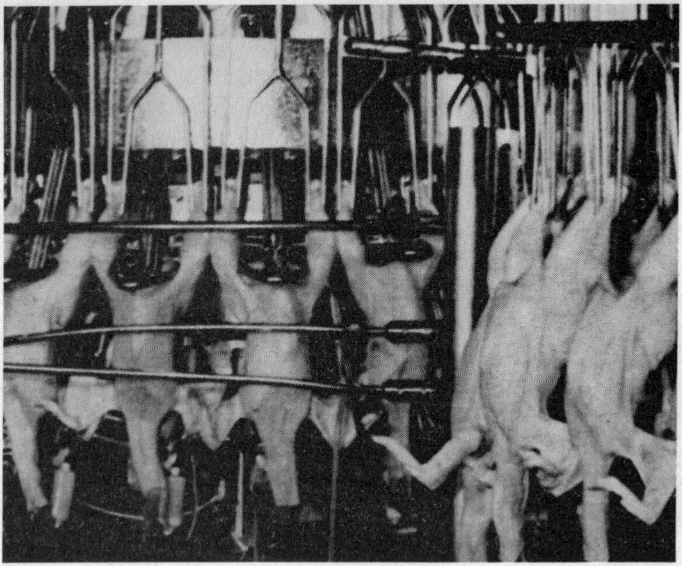

Geflügelschlachterei

nem Gutshof einfach etwas Falsches vor? Wahrscheinlich sind Sie ein rettungslos altmodischer Verbraucher, der auch bei anderen Marken wie »Farmfreude« und »Wiesenhof« seiner Naturschwärmerei hemmungslos freien Lauf läßt?)

Zwei Groß-Schlachtereien, eigene Ställe in Holland für 100000 Brathähnchen-Elterntiere, dazu noch weitere 400000 bei holländischen Vertragsbauern – das alles führt dazu, daß schon 1981 48 Millionen Hähnchen pro Jahr auf dem Markt erscheinen, fast vierzig Prozent in den Geschäften des Ruhrgebiets.

Die Geflügelzucht- und Verwertungsgesellschaft Bentheim hat schon damals eine 51%ige Beteiligung an einer Spedition mit 350 Lkws und vierzehn Zweigstellen von Rotterdam bis Basel. Umsatz der Bela-Gruppe heute (laut jüngstem Firmenprospekt) – 500 Millionen im Jahr.

Ein Vetter von Josef Bergmann gab eines Tages sein Auto in Zahlung, kassierte 8000 Mark dafür, lieh weitere 12000 von seinem reichen Cousin und gründete – als Drogist und studierter

Betriebswirtschaftler – die Bela-Pharm GmbH & Co. KG für veterinärpharmazeutische Präparate, von denen die Bergmannsche Geflügelhaltung ohnehin eine Menge braucht. Es begann mit Labors in einem Stall und einem umgebauten Bauernhof. Heute beträgt der Umsatz vierzehn Millionen im Jahr!
Josef Bergmann produzierte schon 1981 jährlich 30000 Mastschweine in den USA, 3000 Sauen warfen Ferkel in amerikanischen Ställen. Und hier schloß sich auch der Kreis südoldenburgischer Agrarindustrie: Das amerikanische Schweinegeschäft machte Bergmann mit den Brüdern Wesjohann aus Rechterfeld, den Besitzern der halben Weser-Ems-Brüterei, zusammen.
Das ist wahrscheinlich noch nicht das Ende vom »Am Anfang waren zehn schwarzbunte Milchkühe«.

Futtermühle Bergmann in Langförden

BELA
MISCHFUTTER
BELA

Jagdfasanen, Sophia Lorens Mercedes-Pullman, die Scheichs und zwei Schlösser in Frankreich

Dieses Mal sind am Anfang 35 rotbunte Rinder. Louis Kathmann gehören sie, im Jahr 1890, auf seinem 35-Hektar-Bauernhof in Calveslage bei Vechta. Louis Kathmann wird ein berühmter Tierzüchter, der Betrieb wächst. Statt 35 ha hat Louis Kathmanns Sohn Josef jedenfalls 1966 schon 810 ha! Allerdings nur 85 davon als echter Besitz, der Rest ist dazugepachtet, da man inzwischen genug Geld für die Pachtpreise hat.
Seit 1922 betrieben die Kathmanns Wirtschaftsgeflügelzucht. Es kamen Legehennen dazu, eine Futtermühle, ein Eiproduktenwerk, eine Eiervermarktungsgesellschaft. Eine klassische südoldenburgische Entwicklung also? Nur fast, denn Kathmann verließ in den siebziger Jahren die eingefahrenen Gleise.
1976 hatte Kathmann 1,6 Millionen Legehennen, allerdings nicht in eigenen Ställen. Kathmann lieferte Junghennen und Futter an verschiedene Halter (Bauern, Gewerbebetriebe, Gesellschaften) gegen Kredit oder auf Wechsel und kaufte die dann produzierten Eier gegen Bargeld an. Zwei Ereignisse entzogen diesen Geschäften zuletzt jede solide Basis: Zunächst überfielen Geflügelpest und Geflügellähme das selbstgezüchtete Kathmann-Huhn. Damit wurde man fertig, weil man amerikanische Tiere einführte. Dann fielen aber auch noch die Eierpreise, und die Kunden, die mit Kredit und Wechsel bei Kathmann in Schuld standen, hatten kein Geld mehr. Konkurs drohte. 1976 kam es zum Vergleich.
Die Enkel von Louis Kathmann räumten auf. Vor allem Horst Kathmann bestimmte ab jetzt die Geschäfte in Calveslage. Er entließ drei Viertel aller Beschäftigten (von 350 blieben 90) und stieß alle entfernteren und unrentablen Betriebe ab. Kathmann produzierte dann selber Eier (etwa eine Million Tiere), stieg in die Gänsemast ein (fast 60000 französische Tiere), kaufte eine Schweinemastfarm mit 3600 Plätzen im benachbarten Landkreis Cloppenburg und bereitete die Sauenzucht vor.
Wer Kathmann besucht, erlebt, daß sogar Wildfasanen, Wilden-

ten und Rebhühner industriell produziert werden können. In einem abgelegenen Terrain hausen bildschöne Silberfüchse wie Käfighühner in Metallgitterkästen, damit Damen die entsprechenden Mäntel nicht knapp werden.
Richtig interessant wird es aber erst bei Kathmann Agro Project, Aktiengesellschaft seit 1981, gesteuert von Dieter Kathmann, der in der Schweiz residiert, Bruder von Horst Kathmann – Vorstand Dr. Gert Piepenstock, Vorsitzender des Aufsichtsrats Dr. Dirk Bröring. (Bröring ist ein bedeutender Futtermittelbetrieb. Mit Sitz in Dinklage, Kreis Vechta!)
Kathmann Agro Project sorgt von Calveslage aus für alles, was man zur Massentierhaltung braucht. Ein kleiner Betrieb in Südoldenburg plant und baut komplette schlüsselfertige Anlagen zur Fleisch-, Eier- und Milchproduktion für den Rest der Welt. Kathmann bietet sein Landwirtschaft-Kompakt-Paket mit Futtermühlen, Brut-, Schlacht- und Kühlhäusern, Ställen und Lagerschuppen an und hat sich eine bestimmte Stallbauweise für tropische und subtropische Länder patentieren lassen.
Legehennen, Masttiere, Futterkonzentrate und Tiermedizin werden gleich mitgeliefert, nicht zu vergessen die Projektleitung beim Aufbau des Ganzen und die Schulung des Personals, das später die industrielle Fleisch-, Eier- und Milchproduktion betreiben wird.
Die Länder, die diesen Komplett-Service aus Oldenburg empfangen haben, sind Nigeria, Ghana, Syrien, Saudi-Arabien, Iran, Marokko, Jordanien, Algerien, Brasilien, Kuwait, Libyen. Und so kam es, daß Sophia Lorens abgelegter Mercedes-Pullman-Wagen eingekauft wurde, um die nach Calveslage zur Geschäftsverhandlung anreisenden Scheichs standesgemäß vom Flughafen Bremen abzuholen. Und so kam es auch, daß man in Frankreich zwei Schlösser erstand, ob für den Eigenbedarf oder zum Beherbergen der Gäste, war nicht ganz zu klären. Nun ist ja auch in den meisten Schlössern für beides ausreichend Platz.
Opa Louis Kathmann, der schließlich schon im letzten Jahrhundert für ein halbes Jahr Amerika bereist hatte, würde sich wohl über seine Enkel freuen!

In Vechta/Calveslage geplant – Stallanlagen für die dritte Welt ▶

Calveslage grüßt den Rest der Welt

Wer zum ersten Mal durch Calveslage fährt, durch diese Bauernschaft, die noch nicht einmal ein Dorf ist und heutzutage durch Eingemeindung ein Stückchen der Kreisstadt Vechta, kann es auf Anhieb nicht begreifen, welche wirtschaftliche Potenz hinter dieser unscheinbaren Anordnung einiger Gebäude steckt.
Schräg gegenüber von Kathmann liegt die Firma Big Dutchman Deutschland GmbH, heute über ihre amerikanische Mutter den U.S. Industries Inc. angeschlossen. Wer in Calveslage auf der Straße steht, befindet sich zwischen zwei Unternehmen, die zu den größten Herstellern landwirtschaftlicher Großproduktionsanlagen in der Welt gehören. Außer ihnen liegt nur noch Lohmann Cuxhaven mit im Rennen; größere als die drei soll es nicht geben!
Big Dutchman hat bei Geflügelstalleinrichtungen (Käfige) in Deutschland einen Marktanteil von über 60%, sagte die Firma 1980. Weltweit hat die Organisation 50 eigene Niederlassungen (Auskunft der Big Dutchman USA) und beliefert – von Ägypten über Bulgarien, die DDR, Kanada, Australien, Mexiko bis Südamerika und Japan – etwa siebzig Länder. Big Dutchman in Calveslage kümmert sich um Dänemark, Schweden, Norwegen, Persien und Nordafrika.

Know-how aus Oldenburg – Agrarindustrie in der Wüste

Mit Dr. Piepenstock im Spielzimmer

Während unserer Dreharbeiten für den Film »Und ewig stinken die Felder« nehmen wir mit Kathmann Agro Project Kontakt auf, da außer dem geschilderten Agrarindustriellen Anton Pohlmann auch die übrigen Südoldenburger Bosse nicht vergessen werden sollen. Wir haben keine endgültigen Vorstellungen, was wir von Kathmann für den Film erwarten, würden aber zum Beispiel gerne in einem Legehennenstall drehen oder die im Mercedes-Pullman anrollenden Herren aus Saudi-Arabien.
Herausgekommen ist nicht viel, um das gleich zu sagen, Kathmann ließ uns nicht in einen Hühnerstall! (Außerdem wußten wir damals noch nicht, daß für alles, was direkt mit Tieren zu tun hat, nur die Kathmann-Geflügelbetriebe von Horst K. zuständig sein sollen und die Agro Project von Dieter K. damit sowieso nichts zu schaffen haben will!)
Daß man heutzutage als Filmemacher überhaupt noch an einer der wichtigsten Produktionsstätten der deutschen Agrarindustrie Filmaufnahmen machen kann, darf man getrost vergessen. Die Hennenhalter hüten sich, Bilder aus den Käfigbatterien zu ermöglichen. Zu viele Käufer lieben es gar nicht, wenn sie sehen, wer ihr Frühstücksei legt, und vor allem – unter welchen Haltungsbedingungen!
Trotzdem: Insgesamt war die Begegnung mit der Firma Kathmann ein schönes Erlebnis. Dank Dr. Piepenstock.
Ein Anruf bei Kathmann, Agro Project. Der Frager wird verbunden mit dem Geschäftsführer, Dr. Piepenstock. Der Anrufer erklärt kurz, er wolle vorbeikommen. – Kein Problem. – Auch sofort? – Selbstverständlich! – Ob man ihn abholen lassen solle? – Nein, danke, der Anrufer ist selber ganz beweglich. – Man könne ihn aber auf jeden Fall... sehr gerne... – Nein, danke vielmals. – Bis gleich! – Bis gleich!
Ankunft des Besuchers in einem wunderschönen Haus der Gründerjahre, von Louis Kathmann gebaut, vor kurzem äußerst liebevoll restauriert und in seinen Augen die netteste Folge der

Agrarindustrie, die er bislang sah. Dr. Piepenstock hat Zeit – und Kaffee. Und Informationen. »Deutschlands größte Mercedes-Dichte – die haben wir hier in Südoldenburg!«
Dr. Piepenstock hat Werbematerial – außer einem eleganten Buch über 90 Jahre Kathmann – ein schickes Bild, ein kleines Kunst(gewerbe)werk. (Der Besucher hat es noch immer an seiner heimischen Wand.) Es ist ein weißes Huhn, lebensgroß, der Leib aus echten Federn, wie ein Relief erhaben, auf blauem Grund, im feinen Blattgold-Rahmen.
Es kommt noch einmal Kaffee.
Das Gespräch: Die Algerier haben im Durchschnitt sieben Kinder, das ist ein expandierender Markt! Dort muß man arbeiten. – Wir arbeiten dort.
Im Ausland sind Überproduktion und Gülle kein Problem.
Die größte Farm in privater Hand baut Kathmann – in Kuwait.
Wir hier bei Kathmann haben eine Geschäftsentscheidung innerhalb von einer halben Stunde!
Über ein Kriegsgebiet... Sobald die letzte Kugel gefallen ist, haben wir eine Woche später die Bedarfsmeldung da. Vorbesprochen ist schon alles.
Der Fehler der Leute hier – sie sind »produkt«orientiert (Eier, Fleisch!). Das ist ein Handicap. Agro Project ist »problem«-orientiert. (Know-how!)
Wenn Saudi-Arabien voll ist, muß man woanders hingehen.
Wenn keine Ställe gebraucht werden, muß man Wüsten bewässern, Alkohol aus Pflanzen machen oder Fische produzieren.
Der Besucher erfährt von einem neuen Artikel für den Weltmarkt, der Broiler Cage zum Wohlfühlen, also offenbar so etwas wie das gepflegte Heim für Masthähnchen. Kathmann entwickelt einen neuen Stoff. »Die Hähnchen stehen darauf wie auf einer Wiese, wie auf Wimbledon-Rasen.« – Ob man diese Neuheit vielleicht filmen könne? – Nein, dazu ist die Sache noch nicht ausgereift genug. Später! Gerne!
Der Besucher spricht noch dreimal von dem neuen Broiler Cage, immer sehr behutsam, sehr höflich. Und höflich – und immer sehr behutsam sagt Dr. Piepenstock noch dreimal »nein«.
Als Entschädigung zeigt er aber gern das mustergültig renovierte Haus, die stilvoll mit Fliesen belegten Böden, die Pflanzen in glä-

Moslems – kaufkräftige Abnehmer kompletter Stallanlagen

sernen Innenhöfen, die Wandvertäfelungen und den Raum der technischen Zeichner. Als Krönung der Exkursion landen die beiden im Allerheiligsten, dem sogenannten Aufsichtsratszimmer.
Und dann spielen Gastgeber und Besucher an dem großen Steintisch, an dem sonst die orientalischen Herrscher Hühnerkäfige bestellen und Preislisten für Kaninchenställe prüfen. Der Tisch ist riesig, eher ein Felsbrocken, der den Besucher als Tischplatte erfreut. Mit Abdrücken urzeitlicher Schnecken und anderer Tierchen und einem ganzen Kasten voller elektronischer Technik zum Spielen.
Die beiden drücken die Knöpfe und lassen Regale herausfahren, Teile des Tisches hoch- und niedergleiten, den Aschenbecher sich entfalten, die Jalousien schnurren. Und lächeln, daß so etwas den Orientalen – wie sich immer wieder zeigt – außerordentlich viel Freude macht...
Die Zeit vergeht. Der Besucher muß sich verabschieden. Letzte Verständigung: Sollte während der Drehzeit ein Scheich im Mercedes-Pullman in Bremen abgeholt werden, werde man von sich hören lassen. Der Broiler Cage mit dem Wimbledon-Rasen-Gefühl... Später!
Der Besucher überlegt sich auf der Rückfahrt, daß Kathmann da einen tüchtigen »General Manager« als Vorstand hat. Der Besucher hat sich noch nie im Leben mit so viel Vergnügen abservieren lassen!

Damit das Schwein nicht endgültig zur Sau gemacht wird

Während der Dreharbeiten stellten wir zwei Lager in Südoldenburg fest: Ein Teil der Landwirte hatte schon begriffen, daß es ihnen durch die heftige Konzentration – durch den Strukturwandel, durch die Agrarindustrie – allmählich an den Lebensnerv geht. Diese Leute entschlossen sich, offen und kritisch mit uns zu sprechen. Obwohl wir nicht aus der Gegend stammen, obwohl wir keine Bauern sind und obwohl wir, und das wird eigentlich als ziemlich schlimm angesehen, Journalisten, Schreiber, Filmemacher sind.

Die anderen unterstellten uns eher negative Absichten. Sie konnten sich nicht vorstellen, daß Fremde aus Liebe zur Vielfalt in einem Staatswesen Kritik an den Prozessen einer Region üben, von deren Entwicklung sie gar nicht direkt abhängig sind. Zu den ganz Vorsichtigen gehörten in Neuenkirchen, der Heimatgemeinde Anton Pohlmanns, Deutschlands unbestrittenem Eier-König, die katholische Landjugend und die Landfrauen.

Bis vor kurzem profitierten die Agrarindustriellen nach unserem Eindruck in starkem Maße davon, daß die bäuerliche Bevölkerung sie noch als irgendwie zur Landwirtschaft gehörig betrachtete. Entweder wegen der eindeutig landwirtschaftlichen Produkte oder wegen ihrer Herkunft aus bäuerlichen Familien... ein Südoldenburger Agrarboß stand den Südoldenburgern allemal näher als ein »irgendwo« herstammender Kritiker.

Durch die Entwicklung im Hühnergeschäft sind die Landwirte allerdings aufgewacht. Nachdem jetzt die Agrarindustrie auch noch das Schweinegeschäft haben will, beginnt sich eine feindliche Stimmung auszubreiten. An den Hühnern haben die Landwirte gemerkt, wie schnell und reibungslos ihnen ein gesamter Produktionszweig entglitt: Über drei Viertel aller (in Südoldenburg) legenden Hennen befinden sich in den Händen von nur zwei Prozent der Hennenhalter.

Im Oktober 1983 beantragte die Kathmann Geflügelbetriebe GmbH & Co. KG beim Landkreis Vechta die Erlaubnis, fünf

Jetzt wollen die Agrarindustriellen das Schweinegeschäft haben

Junghennen-Aufzuchtställe zu einer Sauen- und Schweineanlage umzufunktionieren. 4100 Sauen und 7140 Ferkelaufzuchtplätze!

Sofort protestierte gegen diesen jüngsten Coup der Agrarindustriellen die Bauernblatt-Gruppe Weser-Ems, ein Zusammenschluß jüngerer, kritischer Landwirte: »Diese Sauen könnten auf achtzig bäuerliche Betriebe verteilt werden, welche jeweils mit fünfzig Sauen eine gute Möglichkeit zur Einkommenssicherung hätten.« Die Bauernblatt-Gruppe fürchtet, daß die Gesetze, die es im Augenblick gibt, nicht ausreichen, um die Kathmann-Schweine-Anlage zu verhindern. Den Flächennachweis für die Gülle schaffe ein solcher Großbetrieb leicht.

Dann regten sich, mit einiger Verspätung, auch die anderen. Kreislandwirt Höltermann, gewählter Vertreter der Landwirte, die sich im Landvolk (Bauernverband!) zusammengeschlossen haben, stimmte einer Unterschriftenaktion gegen Kathmann zu. In kürzester Zeit kamen 7000 Unterschriften zusammen. Junge

Landwirte aus Westfalen wurden eingeladen und berichteten, daß die Landjugend im Bezirk Ahaus-Borken immer wieder gegen einen großindustriellen Mastbetrieb Einspruch erhoben habe und ihn bis heute verhindern konnte.
Und zum ersten Mal beteiligte sich in Südoldenburg die katholische Landjugend an einer Demonstration gegen die »Tüchtigkeit« eines Agrarindustriellen, der sein Geschäft ausdehnen und Ställe bauen will. Am 20. Dezember 1983 gingen Bauernblatt-Leute, Landjugend und Landfrauen (die sich ebenfalls angeschlossen hatten), zusammen mit Vertretern des Bauernverbandes auf die Straße. Motto: »Die Zukunft der bäuerlichen Landwirtschaft steht auf dem Spiel!«
Widerstand gegen die Pläne der Kathmann-Geflügelbetriebe, die nun mit Sauen auf den Markt wollen, leistet angeblich auch Kathmann Agro Project. Dr. Piepenstock: »Wenn hier in Calveslage direkt vor unserer Nase alles nach Schweinen stinkt, können wir die Geschäfte mit den Arabern vergessen. Wie Sie wissen, sind die Moslems gegenüber Schweinen sehr empfindlich!«

12000 Bauern sind genug

Während der Dreharbeiten, während der zahlreichen Gespräche, die wir mit den Leuten aus Südoldenburg führten, entstanden lange Tonbandaufzeichnungen. Die folgenden Aussagen stammen von einem jungen Mann aus dem Landkreis Vechta. Er ist 24 Jahre alt, studiert Agrarwissenschaften und erbt einen 35-Hektar-Hof, auf dem er parallel zum Studium schon jetzt tätig ist.

Er will nur ohne Namensnennung mitwirken, da er wegen seiner kritischen Äußerungen in den Beschuß der Nachbarn geraten könnte. In Südoldenburg gilt die Nachbarschaft noch immer sehr viel. Jemand, der nach außenhin den Mund aufmacht, wird schnell als Nestbeschmutzer abgestempelt, auch wenn die Menschen, mit denen er zusammenlebt, dieselben Gedanken, dieselbe Kritik äußern, »wenn man unter sich ist«.

Noch Wochen nach Ende der Dreharbeiten werden wir von Gesprächspartnern telefonisch gebeten, bestimmte Aussagen, zunächst mit Namen und Ort freigegeben, nun doch anonym zu verwenden. »Man sei finanziell abhängig von der Agrarindustrie, man brauche die Großen, zum Beispiel, um ihnen die Kartoffeln zu verkaufen... die Familie habe gesagt, man könne sich nicht in die Nesseln setzen...«

Für einen, der die Region nicht kennt, erscheint es vielleicht merkwürdig, daß sich jemand zu so relativ harmlosen Aussagen wie den folgenden nicht bekennen kann:

Frage: Wie stellst du dir das vor, wie es hier in fünfzehn Jahren aussehen wird?

In fünfzehn Jahren? Ich würd' sagen, daß dreißig Prozent (vielleicht auch nur fünfundzwanzig Prozent) der Betriebe aufhören werden, die es dann nicht mehr als Vollerwerb machen werden. Ein Nebenerwerbslandwirt kann sich natürlich noch lange halten! Wenn er einen Job kriegt, das ist natürlich die Frage! Das ist

das große Problem! Steig' ich aus der Landwirtschaft aus, finde ich irgendwo anders 'n Job? Ich hab', sagen wir, Landwirtschaft gelernt, hab' auch meinen Meister, was soll ich denn machen? Umschulen?... Die Plätze werden ja weniger, auch in der Landwirtschaft. Und die Betriebe, die dann aussteigen werden als Vollerwerbsbetriebe, werden die Bodenproduktion wohl weitermachen und die Veredelung fallenlassen. Oder sie sagen: Ich hör' auf, da kommt nichts mehr bei raus, ich verpachte den Betrieb! Ich bekomm' jetzt für mein Land soundso viel Geld, da hör' ich ganz auf.
Das wird natürlich dazu führen, daß die Betriebe, die Vollerwerbsbetriebe bleiben wollen, wachsen müssen. – Zupachtung erst mal... Fläche! Dann kommt noch dazu die technologische Entwicklung. Daß ich dann sag', gut, heute reichen tausend Schweine nicht mehr aus, dann muß ich eben investieren. Dann muß ich eben auf fünfzehnhundert oder zweitausend Mastschweine gehen... mit 'ner etwas höheren Technologie, um das arbeitsmäßig zu schaffen. Die Produktivitätssteigerung, würd' ich sagen, die wird noch mal drastisch zunehmen in der Veredelungswirtschaft.

Einwurf: Und damit auch die Schulden!

Ja, das ist ein irrsinniger Kreislauf, aber in dem Fall wohl nicht anders möglich! Wie soll ich sonst als Vollerwerbsbetrieb bestehen bleiben? Ich muß ja! Wenn ich meinen Beruf weiterhin ausüben will, muß ich genau wie jeder Geschäftsmann unter Umständen das Risiko eingehen... Also, Kalkulationen werden risikoreicher werden! Vor allem, weil man das Marktgeschehen auch nicht überblicken kann, was da in Zukunft passieren wird. Wenn ich jetzt tausend Schweine mehr mache, bringt mir das das doppelte Geld? Oder halte ich dadurch – auf lange Sicht gesehen – nur meinen Status quo? Weil die Spanne noch mal wieder schrumpft!
Gut, ich hab' alles rationalisiert, durch die höhere Technologie mach' ich doppelt soviel Schweine, die Produktivität ist da... aber, daß ich dadurch doppelt soviel Geld mach', das wird, glaub' ich, nicht passieren. Es wird eher so sein, daß die Raten

Ein deutscher Hühnerstall

sinken werden, die Spannen, so daß im Endeffekt nicht mehr dabei herauskommen wird wie heute auch. Nur, daß ich ein sehr großes Risiko auf mich nehme. Ich kann mir vorstellen, daß hier eine Phase kommt, wo diejenigen, die dann überbleiben, doch mal einen guten Schnitt machen werden.

Frage: Was glaubst du, wie lange das dauern wird?

Es gibt ja die Prognosen, die Hohenheimer Prognose (Agrarwissenschaftler, Uni Stuttgart), wo gesagt wird, 12000 Betriebe sind quasi nur erforderlich für die Bundesrepublik. Wir haben jetzt 800000, inklusive Weinbauern und Nebenerwerbsbetriebe, und insgesamt bräuchten wir also nur 12000 Agrarbetriebe!... Andere, wohl realistischere Prognosen, sagen, daß wir 120000 Betriebe behalten werden in der Bundesrepublik. Wir haben jetzt noch etwa 400000 Vollerwerbsbetriebe. Von diesen 400000 werden wohl die 120000 überbleiben!... Tja, es kommt jetzt darauf an! Das hängt ja ab von den Umständen. Wie hoch ist der Anreiz auszusteigen, wie stark wird der Druck von außen durch den Gesetzgeber, was macht das Marktgeschehen? Komm ich mit, halt' ich Schritt, bin ich im guten Mittel drin?
Wenn also 25% überbleiben – also von den 400000 Vollerwerbsbetrieben bleiben doch wohl die 25% bestenfalls übrig, die momentan noch ein ausreichendes Einkommen erwirtschaften... die werden wohl irgendwie überbleiben, das sind heute neunzehn Komma soundsoviel Prozent. Die anderen haben in den letzten Jahren ein ausreichendes Einkommen erwirtschaftet. Wenn das noch drei oder vier Jahre so weitergeht, und ich hab' die ganze Zeit kein ausreichendes Einkommen, dann hab' ich nicht investiert oder nicht investieren können, meine Anlagen sind veraltet, dann steh' ich irgendwann vor einem großen Berg, was ich investieren muß... Muß meinen kompletten Maschinenpark erneuern, muß vielleicht neue Stallungen bauen. Dann steh' ich vor so einer Riesenhürde, die kann ich einfach nicht erklimmen. Dann bleibt quasi nur der »geordnete Rückzug aus der Fläche«, wie man so schön sagt. Man nennt es ja so, das Aussteigen.
Das letzte Viertel steht ja sowieso immer kurz vorm Umkippen,

das hat sich, glaub' ich, in den letzten Jahren etwas beschleunigt. Also daß es jedes Jahr mehr werden, die zum letzten Viertel gehören, und daß das Viertel schon gar kein Viertel mehr ist, sondern schon fast 50%!
Wenn ich erst mal in der Tretmühle drin bin, daß ich rationalisiert hab', dann muß ich immer weitermachen. Dann ist kein Aussteigen mehr möglich! Weil ich dann ja, jedenfalls in den Anfangsjahren, wo ich stark rationalisiert hab', viel investiere. Da kann ich nicht im zweiten oder dritten Jahr sagen, ich hör' auf!
Also, in den nächsten fünf Jahren werden, glaub' ich, wohl nicht, wie bisher, nur rund 2% der Betriebe im Jahr dem Strukturwandel zum Opfer fallen. Ich glaub' schon, daß das schon in bestimmten Regionen, wo der Wettbewerb sehr hart ist, pro Jahr auf fünf, sechs oder sogar acht Prozent ansteigen kann.

Der bäuerliche Familienbetrieb – er lebe hoch!

»Will man eine sichere Versorgung der Verbraucher mit lebenswichtigen Nahrungsmitteln zu angemessenen und stabilen Preisen und will man zugleich die Einkommen in der Landwirtschaft verbessern, dann gibt es auf die Dauer nur einen Weg: Nutzung des technischen Fortschritts, Modernisierung der Betriebe und Rationalisierung der Produktion...« (Europäische Gemeinschaften, Die Agrarpolitik der Europäischen Gemeinschaft, 1982).

Die Forderung klingt vernünftig. In unserem südoldenburgischen Muster werden die Voraussetzungen erfüllt. Der technische Fortschritt wird voll ausgenutzt, Modernisierung und Rationalisierung, alles auf dem neuesten Stand. Und dennoch: Eine sichere Versorgung der Verbraucher ist nicht gewährleistet.

Die Landwirtschaft ist durch die Technik beinahe vollständig abhängig von den internationalen Ölgesellschaften. Das zeigte sich deutlich im beschleunigten Höfesterben während der sogenannten Ölkrise. Und die Abhängigkeit von den wenigen Getreide- und Futtermittelkonzernen ist mindestens ebenso groß. (Abhängigkeit bei Eiweißträgern ca. 80%, bei Mais 50%.) Einige der Agrargiganten sind bereits Töchter der Ölkonzerne (BP-Agrar, Shell-Agrar)!

Allein diese beiden Tatsachen zeigen, wie anfällig unsere Landwirtschaft ist. Grenzenlos altmodisch und naiv erscheint die selbstgefällige Überbetonung des hohen Selbstversorgungsgrades der Bundesrepublik und der EG.

Diese »Lebensversicherung« – so hieß es immer, wenn Kritiker die immensen Agrarausgaben unter Beschuß nahmen – diese Lebensversicherung koste eben ihren Preis: Augenwischerei höchsten Grades.

Wir sind unsinnig überversichert. Und das bei einer Versicherung, die nicht funktioniert! Hinter dem Ganzen mag der antiquierte Traum von Autarkie, von staatlicher, sprich politischer Unabhängigkeit und Macht stecken.

Weder das Einkommen noch die Existenz der Bauern ist gewährleistet. Die strukturellen Veränderungen der letzten Jahrzehnte passen einigen agrarpolitischen Denkern gut ins Konzept, denn nach ihrer Meinung gibt es immer noch zu viele Bauernhöfe in der Bundesrepublik.

Seit 1949 sind fast eineinhalb Millionen Betriebe verschwunden, von den übrigen 764100 sind nur noch 400000 Vollerwerbsbetriebe; das sind Betriebe, die ausschließlich von der Landwirtschaft leben. Von diesen sollen nach Bonner Plänen noch mindestens 100000 – unter der Hand noch mehr – verschwinden.

Die Südoldenburger haben bis jetzt Glück gehabt. Der erste Entwurf einer echten gemeinsamen Strukturpolitik, der in der EG in den 60er Jahren ausgearbeitet wurde, zeigte auf diesen Raum wenig Wirkung.

Der »Mansholt-Plan«, nach dem die kleinen Höfe zugunsten der großen abgeschafft und die großen zahlenmäßig auf ein »vernünftiges« Maß beschränkt werden sollten, wurde – so ein EG-Bulletin von 1982 – in den 70er Jahren langsam in politische Entscheidungen umgesetzt.

Die Idee vom »Wachsen oder Weichen« sollte in einer natürlichen Auslese zu einer ebenso starken nationalen wie europäischen Landwirtschaft führen.

In Vechta überlebten aber dank der Massentierhaltung bis jetzt auch kleine Höfe, d. h. Höfe mit weniger als 20 ha. Diese Größe gilt in der Bundesrepublik sonst als nicht existenzfähig. Auch Südoldenburg bleibt jetzt nicht mehr verschont.

Auf den Mansholt-Plan angesprochen, kann Landwirtschaftsminister Glup, selber Herr über 300 ha (!), im zuständigen Ministerium in Hannover nur lachen: »Den gibt es ja gar nicht mehr. Da redet schon seit Jahren keiner mehr davon!« Seltsam nur, daß der Plan im bereits genannten EG-Bulletin von 1982 als herausragende Leistung genannt und als durchaus noch gültig betrachtet wird.

Sieht man sich Förderung, Investitionen, Forschungsprogramme und offizielle Mitteilungen näher an, so wurde die Idee vom »Wachsen oder Weichen« keineswegs zu den Akten gelegt. Der sozialpolitische Begriff »bäuerlicher Familienbetrieb« taucht in den Agrarberichten der Bundesrepublik seit einiger Zeit kaum

noch auf, obwohl in jeder Politiker-Sonntagsrede die Erhaltung des Familienbetriebs gefordert wird.
In Berichten und Veröffentlichungen spricht man inzwischen mehr von »Vollerwerbsbetrieben«. Wer allerdings diese wirtschaftlich funktionsfähigen Einheiten besitzt oder bewirtschaftet, wird nicht gesagt. – Die bäuerliche Familie?
Bei einer Politik, die Industrialisierung durch Zuschüsse fördert, weil Industrie angeblich Arbeitsplätze schafft, und die dabei vergißt, daß eine Hennenfarm mit 500000 Tieren von fünf Türken und einem Farmleiter geführt werden kann – dadurch gleichzeitig, wie geplant, mindestens zehn bäuerliche Familienbetriebe vernichtet – bei einer solchen Strukturpolitik kann man sich nur freuen, daß lediglich 4% des EG-Agrarbudgets für Struktur- und Sozialmaßnahmen übrigbleiben. Möglicherweise würde sonst noch mehr und radikaler wegrationalisiert.
Agrarpolitik wird nur noch in kleinsten Portionen auf regionaler oder nationaler Ebene betrieben: Beliebtes Argument unserer Volksvertreter, sie könnten da »beim besten Willen« nichts machen, sie müßten sich an die Richtlinien der EG halten!
Agrarpolitik heißt dort hauptsächlich Marktordnung, ein System administrierter Preise. Sie gibt auch bei Überproduktion die Garantie, beliebige Mengen der wichtigsten landwirtschaftlichen Erzeugnisse, die nicht verkauft werden, zu festgesetzten Preisen abzunehmen. Bekannt sind Butter- und Milchberg und der riesige Überschuß an Rindfleisch und Zucker.
Die Bundesanstalt für landwirtschaftliche Marktordnung kauft diese Nahrungsmittel ein, versucht sie in Sonderaktionen verbilligt an den Mann zu bringen, verkauft sie außerhalb der EG und erstattet den Bauern die Differenz zu den (niedrigeren) Weltmarktpreisen – oder sie vernichtet die Lebensmittel einfach! Ziel dabei ist die Sicherung der Lebensgrundlage der Bauern...
Immerhin sind bei allgemein steigendem Wohlstand die privaten Ausgaben der Bevölkerung für die Ernährung ständig gesunken. Daß wir in anderen Konsumbereichen recht kaufkräftig sind und die Produzenten anderer Artikel gut verdienen, liegt eben auch daran, daß durch niedrige Nahrungsmittelkosten Geld frei wird (Agrar-Programm der BRD: Versorgung der Bevölkerung mit gesunden und preisgünstigen Nahrungsmitteln).

Die Differenz für die Bauern übernimmt die Staatskasse, letzten Endes also doch wieder jeder Bürger. Dennoch reichen die Erstattungen für die Bauern nicht aus. Sie sind nicht den Kosten und der Inflationsrate entsprechend mitgestiegen.
In den sogenannten Interventionslagern der EG stapelten sich Ende 1983: 900000 Tonnen Butter, 1,1 Millionen Tonnen Magermilchpulver. Dazu bereits vor der Ernte 1983: 8 Millionen Tonnen Getreide. Außerdem 2,9 Millionen Tonnen Zucker und 400000 Tonnen Rindfleisch (83% mehr als 1982).
Das gesamte agrarpolitische Modell ist schon lange fragwürdig. Staatssekretär Jörg Jordan im hessischen Ministerium für Landesentwicklung, Umwelt, Landwirtschaft und Forsten forderte 1982 eine Reform und nennt Zahlen:
»Die Lagerung, Verschleuderung und Vernichtung der Überschüsse beansprucht mittlerweile 96% des EG-Agrarbudgets; für eine sinnvolle Struktur- und Sozialpolitik für den ländlichen Raum verbleiben knapp 4% der Agrarmilliarden. Der Anteil der Agrarausgaben ist seit 1974 jährlich durchschnittlich um 23% gestiegen und hat 1980/81 eine Größenordnung von fast 30 Milliarden DM erreicht. Auf jedes zu Marktpreisen entstandene Kilo Butter entfallen nunmehr über 8,– DM Marktordnungskosten.«
Und dennoch, so Staatssekretär Jordan, reicht dieses öffentliche Unterstützungssystem nicht aus, das bäuerliche Einkommen zu sichern. Es treibt die Landwirtschaft zunehmend in Konflikte mit der Ökologie. Wer viel – wenn auch sinnlos produziert – bekommt viele Zuschüsse. Und der, der unter den besten Bedingungen arbeiten kann, verdient. Jordan: »Am meisten profitieren zwangsläufig... die Großbetriebe in guten Lagen. Am wenigsten haben von diesem System des Einsatzes öffentlicher Mittel diejenigen, die aber am ehesten die Hilfe der Allgemeinheit brauchten, die bäuerlichen Familienbetriebe, die unter ungünstigen natürlichen Bedingungen produzieren müssen.«
Die Europäische Kommission kritisiert die gemeinsam entwickelte Politik selbst (Analyse für den Ministerrat vom 11. Dezember 1980): Die Marktordnungen neigen dazu, »die wohlhabenden Bauern, die vor allem in den reichsten Gebieten zu finden sind, vorrangig zu unterstützen« und »in den Gebieten, in denen

Die bäuerliche Landwirtschaft – sie lebe hoch!

die landwirtschaftlichen Einkommen am höchsten sind, auch die meisten Kosten« des EG-Agrarmarktes zu verursachen.
Wer hat Interesse, das zu ändern? Die Minister, die 300-Hektar-Höfe besitzen? Die Interessenvertreter der Bauern, wie der Präsident des Deutschen Bauernverbandes Heereman – mit Schloß, 1000 ha Wald, 110 ha Ackerfläche und mehreren hundert Hektar verpachteter landwirtschaftlicher Nutzfläche? Geschieht nicht gerade das, was eigentlich gewünscht ist? Sollten die Großen nicht wachsen und die Kleinen weichen?

Die Ämter des Freiherrn von Heereman, zusammengefaßt in der Zeitschrift »Freies Landvolk« Januar 1983.

Präsident des Weltbauernverbandes IFAP
Präsident des Europäischen Bauernverbandes COPA
Präsident des Deutschen Bauernverbandes DBV
Präsident des Westfälisch-Lippischen Landwirtschaftsverbandes
Präsident des Kreisverbandes Tecklenburg
Präsident des Landesjagdverbandes NRW
Vorsitzender der IMA, Hannover
Aufsichtsratsvorsitzender der Land Data, Visselhövede
Vorsitzender des Kuratoriums für den Bundes-Milchförderungsfonds
Aufsichtsrat bei der Zentralen Preis- und Marktberichterstattung
Aufsichtsrat bei der R × V-Lebensversicherungsgesellschaft
Vorstand der westfälischen Reit- und Fahrschule, Münster
Vorsitzender des Bundesarbeitskreises für Erwachsenenbildung
Vorstand des Generallandschaftsrates der Westfälischen Landschaft
Verwaltungsvorsitzender des Absatzförderungsfonds der deutschen Agrarwirtschaft
Aufsichtsrat der westfälischen Central-Genossenschaft
Verwaltungsrat der Kreditanstalt für den Wiederaufbau
Verwaltungsrat der Deutschen Genossenschaftskasse, Frankfurt
Aufsichtsrat der Handels- und Privatbank AG, Köln
Aufsichtsrat bei der landwirtschaftlichen Rentenbank
Verwaltungsrat bei der Provinzial-Lebensversicherungsanstalt
Aufsichtsrat beim Landwirtschaftsverlag Hiltrup
Verwaltungsrat bei der Deutschen Bundespost
Aufsichtsrat bei der Bayer AG, Leverkusen
Aufsichtsrat bei der Klöckner-Humboldt-Deutz AG
Aufsichtsrat bei der Nordsee, Tochter im Unilever-Konzern
Abgeordneter im deutschen Bundestag

Die stille Revolution

In den letzten 10 Jahren ist die landwirtschaftlich genutzte Fläche von 13480000 ha auf 12136000 ha zurückgegangen, ungefähr 360 ha Verlust pro Tag! 1950 arbeiteten noch über 5 Millionen Menschen in der Landwirtschaft, 1980 waren es nur noch 1,5 Millionen. In der gesamten EG hat zwischen 1960 und 1973 jede Minute (!) eine Person den Agrarsektor verlassen. In der BRD sank die Zahl der Betriebe von 1646800 (1949) auf ganze 764100 (1982). Die Politik des Wachsens oder Weichens funktioniert. Offiziell nennt man diesen Vorgang anders: »Strukturwandel«, manchmal auch »stille Revolution«.

Im EG-Jargon liest sich das so: »Die Entwicklung, die die europäische Landwirtschaft seit Bestehen der gemeinsamen Agrarpolitik durchlaufen hat, kann in vielerlei Hinsicht als ›stille Revolution‹ gekennzeichnet werden. Rapider Rückgang der Beschäftigungszahl, Umstrukturierung weiter Produktionsbereiche unter dem Druck eines rasanten technischen und biologischen Fortschritts, zunehmend engere Verflechtung mit anderen Wirtschaftsbereichen sowie – als Folge von alledem, eine enorme Verbesserung der Leistungsfähigkeit der europäischen Landwirtschaft, das sind Stichworte, die bestenfalls eine Idee von dem geben können, was geschehen ist.«

Und weiter unten heißt es: »Betroffen sind von diesem Schrumpfungsprozeß vor allem kleine Betriebe mit weniger als 20 ha. Ihr Land wird weitgehend von größeren Betrieben übernommen. Die Zahl der Betriebe mit 50, 100 und mehr Hektar nimmt dementsprechend tendenziell zu...!« Und: »Landwirtschaft und Nahrungsmittelindustrie bilden... in ihrer Verflechtung einen bedeutenden Wirtschaftskomplex mit eigener Entwicklungsdynamik.«

Seit die Arbeitslosenzahlen auch auf dem Land steigen, weil Industrie und Dienstleistungssektor die aus der Landwirtschaft Abwandernden nicht mehr aufnehmen können, müssen »Sozialpläne« gemacht werden – und die sind schon vorhanden! Mans-

holt damals und Wissenschaftler der Universität Stuttgart-Hohenheim heute: Die müssen in die Sozialhilfe!
Ein fürwahr genialer Plan. Einige hunderttausend Sozialhilfeempfänger mehr, schlechte Nahrungsmittel, große Abhängigkeit von internationalen Konzernen und dazu Gefährdung der Umwelt durch Agrarchemie und Monokulturen!
Bei unserem »großen« Vorbild USA ist die »family-farm« längst der »industry« gewichen, viele Farmer stehen auf der Straße.
Noch ein Zitat der EG: »Langfristig gesehen gibt es keinen vernünftigen Grund, warum die landwirtschaftliche Erzeugung sich nicht auch wie die industrielle Produktion zu Betriebstypen hin entwickeln sollte, die wirtschaftlich rationeller arbeiten, die verfügbare Ressourcen besser nutzen und von den Vorteilen einer Produktion in großer Serie profitieren. Eine solche Entwicklung könnte im Interesse der Erzeuger wie der Verbraucher sein.« – Aber nur noch für die Erzeuger, die dann noch erzeugen – und für die Verbraucher, die überhaupt verbrauchen können!
Die jahrhundertealte Erkenntnis, daß Ackerbau und Viehzucht zusammengehören und einen natürlichen Kreislauf bilden, gilt seit ungefähr zwanzig Jahren nicht mehr. Technik und Chemie, fremde und teure Energiequellen sowie sich selbst nicht regenerierende Züchtungen (Hybriden) bestimmen entscheidend die landwirtschaftliche Produktion.
Sicher ist es unsinnig und anachronistisch, Pferd und Pflug zu fordern. Aber sind die Pläne wirklich vernünftiger, die eine Region wie Südoldenburg zum agrarischen Industriegebiet erklären, die unter Aufgabe der Ökologie die Zerstörung der Natur einer gesamten Region fordern und die zum Ausgleich die Rhön oder den Bayerischen Wald zur geschützten Landschaft, zu einem Naturschutzgebiet machen wollen? Zu einem Gebiet, in dem die Landwirte nur noch als staatliche Landschaftspfleger angestellt sind?
Diese Pläne gibt es. Was soll man auch tun, wenn man gleichzeitig Agrarindustrie in der beschriebenen Form will (Niedersachsens Landwirtschaftsminister Glup vor Bauern in Südoldenburg: »Da kann und will ich nichts machen!«) – aber auch der Natur und den Forderungen der wählenden Bevölkerung nach einem gesunden Lebensraum Rechnung tragen muß?

Südoldenburg ist ein Modell, ein Modell gegenwärtiger und vor allem zukünftiger Landwirtschaftspolitik. In den Agrarberichten der Bundesregierung von 1983 finden sich zu der gesamten Problematik nur wenige lapidare Sätze: »In der Legehennen- und Masthühnerhaltung ist wegen der bereits in den 60er Jahren eingeführten Produktionstechniken, aufgrund der bis 1971 geltenden Regelungen des Einkommensteuergesetzes und unter dem Wettbewerbsdruck aus den übrigen EG-Ländern und den USA die Konzentration weit fortgeschritten... Da die tierische Veredelung in vielen bäuerlichen Betrieben wegen der häufig kaum vermehrbaren Flächenausstattung zentrale Bedeutung für die Erhaltung einer selbständigen wirtschaftlichen Existenz hat, erfordern diese Konzentrationstendenzen eine kritische Beobachtung.« – Weiter heißt es: »Insgesamt ergeben sich aus der mit dem Strukturwandel verbundenen Flächenkonzentration bei landwirtschaftlichen Nutzflächen noch keine (!) besonderen gesellschaftspolitischen Probleme. Vereinzelt werden allerdings Konflikte zwischen entwicklungsfähigen bäuerlichen Familienbetrieben und kapitalstarken Großbetrieben sichtbar.« Es trifft also, das hat sich bis Bonn herumgesprochen, nicht mehr nur die kleinen Bauern.

Immer noch begünstigt das Pachtgesetz Bodenspekulanten und die kapitalstärksten Betriebe. Das »einzelbetriebliche Förderungsprogramm« zur Stützung der Schwächeren wirkt nur einseitig. Vorbedingung ist nämlich der Nachweis späterer Mindestgewinne (!), wodurch große Vollerwerbsbetriebe vor kleineren oder gar Neben- und Zuerwerbsbetrieben begünstigt werden.

Das alles ist bekannt. Und wie schon seit Jahren hört man auch 1983 aus Bonn wenig: »Die Bundesrepublik verfolgt deshalb eine Politik der Konsolidierung und Bestandssicherung: Sie bemüht sich um die Erhaltung der bäuerlichen Landwirtschaft.« Die Frage ist nur – wie? Vieles, was bisher für die »Erhaltung« getan wurde, bewirkte das Gegenteil. Die Gefahr, daß die Schweinehaltung ähnlich wie die Hühnerhaltung den Bauern genommen wird, sieht man auch in Bonn. Ignaz Kiechle, Nachfolger Ertls im Landwirtschaftsministerium, will das verhindern. So sagt er. Wie er das tun will, und ob er es überhaupt kann, hat er noch nicht verraten.

Anton Pohlmann – zum zweiten

Nachdem wir uns einmal entschlossen hatten, die Taten eines typischen Agrarindustriellen auch ohne dessen Mithilfe in einem Film zu dokumentieren, sammelten wir zunächst alles, was in Veröffentlichungen über A. Pohlmann geschrieben wurde. Wir trugen zusammen, was Mitbürger, Gemeinderat und Behördenvertreter über sein Verhalten dachten. Wir filmten, soweit das möglich war, seine riesigen Legehallen, seine Futtermühle, das Silo und seine Villa, die aus der Luft wie ein mächtiger Mercedes-Stern oder wie ein Ypsilon aussieht.
Bei der Annäherung an Pohlmanns Grund und Boden machten er oder seine Verwalter uns häufig klar, daß wir das Land des Agrarindustriellen nicht betreten dürften. Da die Grundstücke meistens nicht eingezäunt sind und Verbotstafeln nur am Eingang der Käfighallen Fremden den Zutritt verwehren, ist der Übergang von Gemeindeflächen und Betriebsgelände nicht immer zu erkennen.
An einem Sonntagmorgen hatten wir die Kamera am Rand einer Pohlmann-Besitzung in Neuenkirchen-Bieste aufgebaut, um die Hühnerhallen und eventuell die hundert Meter lange (in Oldenburg so genannte) Güllelagune voller durchdringend stinkender Brühe zu filmen, als ein aufgeregter Türke mit einem Auto angerast kam, um uns zu verjagen.
Die Situation des Türken, der für wenig Geld Pohlmanns dreckige Arbeit tun muß, war uns klar. Außerdem schien in diesem Moment jede Diskussion über die Besitzverhältnisse unseres Standortes unpassend, da der Türke sich ständig an seiner Fahrzeugtür zu schaffen machte, um notfalls einen zähnefletschenden muskulösen Rottweiler-Hund auf uns loszulassen.
Glücklicherweise sind die Wirkungen und Folgen der Handlungen des Agrarindustriellen so deutlich sichtbar, daß eine Hundeschnauze die Berichterstattung nicht ernsthaft bedrohen kann. Wir registrierten sie einfach als ein Steinchen im Mosaik der von uns beabsichtigten Dokumentation.

Allein schon die Betrachtung des Verhältnisses von Anton Pohlmann zu der Gemeinde Neuenkirchen, in deren Ortsteil Nellinghof der Firmen-Stammsitz liegt, klärt in exemplarischer Weise, wie die hemmungslose Entfaltung eines Wirtschaftskönigs die um ihn herum Lebenden benachteiligt.

Was so aussieht, als würde es aus eigener Kraft vollbracht, durch einen, der eben tüchtiger, fleißiger oder sparsamer ist, wächst in Wirklichkeit aus fremdem Kraftaufwand, durch Mißbrauch allgemeiner Güter, durch Überschreiten der Grenzen, durch die gesetzestreue Bürger sich stoppen lassen.

Neuenkirchen-Vörden hat über 6000 Einwohner, zwei Kirchen, zwei Kliniken für psychisch Kranke, über 40 Vereine und Verbände, drei Bank-Filialen, zwei Menschenärzte, drei Tierärzte und ist im Fremdenverkehrsprogramm Niedersachsens in die »zweite Förderungspriorität« eingestuft. Das Erholungsgebiet Dammer Berge liegt vor der Haustür, es fehlt ihm allerdings, wohl wegen nicht güllefreundlicher Besucher, ein wenig am rechten Aufschwung. Die Massentierhaltung ist gelegentlich doch sehr präsent in dieser Ecke.

Trotzdem – außer Anton Pohlmanns Millionen Hennen gibt es in Neuenkirchen keine sensationellen Viehbestände. Der Ort hat zum Beispiel nur 30000 Schweine. Damme – nicht weit entfernt – muß mit 150000 fertig werden.

Am Bauen ohne Bauerlaubnis – in Südoldenburg ohnehin ein beliebtes Gesellschaftsspiel – beteiligte sich auch Anton Pohlmann, als er sich nach seinem Auftauchen in Neuenkirchen anschickte, mit fünf Millionen Hühnern Deutschlands größter Eierproduzent zu werden. Früher regte sich kaum jemand über fehlende Bauerlaubnis auf – der Großagrarier nicht, weil die zu zahlende Strafe im Vergleich zu dem Ertrag schnell gebauter neuer Fabrikationsstätten ein Klacks war – und die Behörden nicht, weil sie auf die Weise immer wieder Bußgelder in die Kasse bekamen.
Nach diesem »Modell« zahlte Pohlmann schon vor Jahren 190000 Mark Strafe für Bauen ohne Erlaubnis an Neuenkirchen. Mit diesem Geld entstand eine stabile Straße. Da sie zu seinem Betrieb führt, dient sie allerdings in erster Linie ihm selber. Wenn er alle Straßen bezahlen müßte, die er seitdem mit seinen schweren Lastzügen zerstört hat, sähe die Rechnung für ihn weniger positiv aus. Zahlreiche landwirtschaftliche Wege, die für drei bis fünf Tonnen gebaut sind, zahlreiche Straßen, die allenfalls zwölf Tonnen aushalten, sind immer wieder ruiniert, weil Fahrer für Pohlmann mit dreißig und vierzig Tonnen schweren Lastern und Gülletankern über sie donnern, um Wegstrecken, um Zeit und damit Geld zu sparen. Die Gemeinde sieht keine Möglichkeit, sich gegen diesen Mißbrauch zur Wehr zu setzen. Keine Polizei kann so viel aufpassen. Außerdem beansprucht der Industrielle sein Anliegerrecht und pocht auf die gezahlten Steuern!
Zwei Gemeinderatsmitglieder erzählen uns dazu, daß die Steuern nicht nur die Straßen-Reparaturkosten mehr als auffressen, sondern auch weniger pünktlich eintreffen, als es bei einem ständigen Schadenverursacher angebracht wäre.

Die Auflagen, die landschaftsverschandelnden Ställe einzugrünen, hält er schon gar nicht ein.
Die Gülle, die Pohlmann den Landwirten anfangs gratis zum Düngen ihrer Felder gab, kostet, seit die Vermarktung in großem Umfang bis in andere Landkreise organisiert wurde, längst auch für die Nachbarn Geld. (Hühnergülle kann bis zu 27 DM pro Kubikmeter wert sein.)

Wegen der Zerstörung der Straßen und wegen der Strukturveränderungen durch die Agrarindustrie rang sich der Neuenkirchener Gemeinderat vor ein paar Jahren durch, keine Pohlmann-Ställe mehr zu genehmigen. Ein politisch engagierter Landwirt aus dem Ort: »Wir begriffen, daß er uns letztlich doch immer wieder übers Ohr haut.«
Daß das mit dem Übers-Ohr-Hauen nicht so einfach abzustellen ist, versucht Pohlmann der Gemeinde daraufhin zu beweisen. Es könnte gut sein, daß er es schafft!
Als ein kleinerer Legehennenhalter bankrott war, kaufte Anton Pohlmann dessen Ställe in Wenstrup außerhalb von Neuenkirchen und beantragte, weil das Gelände dafür noch Platz bot, bei der Gemeinde die Genehmigung für zwei weitere Hallen. Die Gemeinde – einmal dazu entschlossen – sagte nein.
Der Industrielle wußte sich zu helfen: Er baute einfach in den vorhandenen Ställen auf die drei Käfigetagen noch eine vierte!

Vor dem Schöffengericht in Vechta, wo wir am 9. September 1983 der ersten Verhandlung beiwohnten, bekamen wir Nachhilfeunterricht in der von Pohlmann geübten Technik des »Veräppelns« der in unserem Staat gültigen Richtlinien und Gesetze.
Schöffengericht Vechta. Der zu den Reichsten Südoldenburgs gehörende Angeklagte erscheint im Saal, etwas linkisch und mitleiderregend, in einer Hose mit zu kurzen Beinen steckend.
Was jetzt folgt, ist eine Komödie, die wir bisher nur im Volkstheater für angebracht hielten. Die von Pohlmann gekauften Käfige in Wenstrup dürften regulär 88000 Legehennen beherbergen. Die 105000, die darin waren, als er den Betrieb übernahm, hielt der sonst so clevere Geschäftsmann angeblich für »in Ordnung«, wie er dem Gericht klarzumachen versuchte, da sie ja sonst wohl nicht vorhanden gewesen wären. (Erstes logisches Abenteuer!)
Die vierte Käfigetage habe er nur aufgesetzt, weil demnächst wegen möglicher EG-Richtlinien weniger Hühner als bisher in einem Käfig sein dürfen. Die vierte Etage diene also nur der Unterbringung bereits vorhandener Hennen. (Zweites logisches Abenteuer!)
Wieso denn dann nach Aussage des Tierarztes zeitweise über

130000 Legehennen (!) im Stall gewesen seien und nach den üblichen Abgängen (sprich ruhig: »krepierte Tiere«) in den ersten Wochen der Legeperiode immer noch 126720 – möchte der Richter verständlicherweise gerne wissen.
Anton Pohlmann, der alle geschäftlichen Entscheidungen selber trifft und noch nie beschuldigt wurde, über sein Geld schlecht Bescheid zu wissen, dazu: Da müsse wohl sein Verwalter einfach mehr Hühner eingestallt haben. (Drittes logisches Abenteuer!)
Wir, als Zuhörer im Saal, dachten uns dabei, daß der Verwalter sie sicher auch heimlich aus eigener Tasche bezahlt hat, die zusätzlichen Hühner, damit bloß Anton Pohlmann nicht mitkriegt, hier wird gegen das Gesetz verstoßen!
Der »eigenmächtige« Verwalter (in ganz Oldenburg wurde in diesen Tagen, nach einem Artikel in der Oldenburgischen Volkszeitung, grinsend von Herrn D. gesprochen) war, obwohl das Gericht sich über eine persönliche Bekanntschaft sehr gefreut hätte, laut Auskunft von Pohlmann unmöglich noch am selben Tag nach Vechta zu zitieren. (Ist unterwegs auf den Farmen... im Umkreis von sechzig Kilometern...) Das Gericht sah das freundlicherweise ein und vertagte erst einmal.
Da an diesem Morgen vor dem Schöffengericht Vechta die Logik gleich schubkarrenweise aufgefahren wurde, wundert uns, daß niemand auf die einzig logische Vermutung kam, weshalb Herr D. tatsächlich nicht so schnell erscheinen konnte. Wir jedenfalls dachten uns sofort, daß er wahrscheinlich zu Hause sitzt und von den vielen zusätzlich produzierten Eiern heimlich Pfannkuchen backt.
Da Herr P. als guter Geschäftsmann sicher sofort gemerkt hätte, wenn in einem seiner Betriebe dauernd zwanzigtausend Eier zuviel herumliegen, wäre er schnell dahintergekommen, daß da wohl zu viele Hühner in den Käfigen sitzen.
Und wie hätte Herr D. dann dagestanden? Deshalb viertes logisches Abenteuer, diesmal von uns selber offeriert: Hier kann es sich nur um heimliche Pfannkuchen-Fabrikation handeln! Zwecks Eierverschleierung...
In Südoldenburg gibt es immer Stoff, sich gut zu amüsieren. Daß am Ende der vielen lustigen Geschichten für die Allgemeinheit wenig Amüsantes herauskommt, steht fest.

Das Schöffengericht blieb gegenüber den witzigen Erklärungsversuchen Anton Pohlmanns und seines Anwalts erstaunlicherweise sachlich und ernst. Den Vorwurf, daß unabhängig von offiziellen und heimlichen Hühnerzahlen sowieso für die gesamte Stallanlage in Wenstrup noch immer der Flächennachweis fehle (das Land muß wegen der Güllebeseitigung nachgewiesen werden!), konterte Anwalt Weigmann gutgelaunt – als sei Güllebeseitigung nun wirklich kein Problem –, dafür habe man einen dikken Stapel Gülle-Abnahmeverträge! »Die Gülle wird uns heutzutage aus der Hand gerissen«, sagte er und – triumphierend im Gerichtssaal sich umblickend: »Tja, so macht man aus Scheiße Geld!«

Ende der Vorstellung.

Anton Pohlmann (rechts) mit Anwalt Weigmann vor dem Gericht in Vechta

Der Prozeß war der dritte Versuch des Landkreises Vechta, Anton Pohlmann vor Gericht beizukommen.
Bei den Behörden des Landkreises erfuhren wir, daß Anton Pohlmann, trotz der ablehnenden Haltung der Gemeinde Neuenkirchen, demnächst sogar die Genehmigung zum Bau der schon immer gewollten zwei zusätzlichen Ställe in Wenstrup bekommen muß, wenn er nachweist, daß die Gülle ordnungsgemäß auf irgendwelchen Flächen untergebracht werden kann. Gülle-Abnahmeverträge gelten bisher als Beweis.
Da es kein umfassendes Güllekataster im Landkreis gibt, weiß natürlich niemand, wie oft irgendwelche Flächen in irgendwelchen Verträgen auftauchen. So sieht man es bei der Ordnungsbehörde des Landkreises Vechta. Immerhin: Am Güllekataster wird fleißig gearbeitet...

Für die Gemeinde Neuenkirchen kann Pohlmanns Expansionsdrang überraschende Folgen haben. Wir drehten für unseren Film im Gemeinderat und erzählten den gewählten Vertretern der Neuenkirchener Bürger, daß das Verwaltungsgericht Pohlmann recht geben könne. Daß er also auf dem Gebiet von Neuenkirchen gegen ihrer aller Willen durchaus noch Ställe bauen dürfe, da das Gelände in Wenstrup nicht in der Nähe von Wohnhäusern liege und es ihm leichtfalle, Gülleverträge zu beschaffen.

Aus der heftigen Diskussion im Gemeinderat folgende Gesprächsausschnitte:

Ratsmitglied Escher: Ich war von 72 bis 81 Bürgermeister hier in Neuenkirchen in der Gemeinde. Wir haben damals im Gemeinderat gesagt, das Maximum ist erreicht, es gibt keine Hühnerställe mehr für Pohlmann. Es sind auch seit der Zeit keine Genehmigungen mehr erteilt worden. Unsere ganzen Straßen, das ganze Netz ist da nicht nach ausgerichtet, daß weitere Betriebe geschaffen werden..., weil Pohlmann ja nie auf denselben Punkt bauen will. Der will ja, wohl wegen Seuchengefahr, wenn ich richtiggehe, immer an verschiedenen Punkten bauen, der will nicht hier an einem Punkt die ganzen Ställe bauen. Wenn das an

einem bestimmten Punkt wäre, könnte man ja irgendwie eine gute Straße bauen, dann wäre das Problem von der Straße gelöst. Aber das will er nicht.
Wir haben das so gesehen: Die Belastbarkeit der Gemeinde ist ja wohl fast erreicht. Wenn man dem Pohlmann noch Ställe genehmigen würde, würde man den bäuerlichen Betrieben die Möglichkeit nehmen, sich zu erweitern, weil doch mal vom Kreis oder von den Behörden umgerechnet wird, in Neuenkirchen sind soundso viel Vieheinheiten, soundso viel Land ist da – also dürfen keine Ställe mehr gebaut werden. Und wenn Sie sagen, Bescheinigungen können beschafft werden ... Es ist ja auch mal ein Sättigungsgrad im Hinterland erreicht, wo die Gülle hingefahren wird. Es ist nicht unbegrenzt, daß die Gülle da hingefahren werden kann. Es gibt ja in angrenzenden Gemeinden auch Hühnerställe, nicht nur in Neuenkirchen!

Frage: Und wenn das Verwaltungsgericht sagt, in Wenstrup muß er die Erlaubnis kriegen, was macht ihr dann?

Herr Escher: Ich würde dagegen stimmen, ich würde nie dafür stimmen!

Wir: Ja, ihr habt doch gar keine Macht!

Herr Escher: Ja, sicher haben wir eine Macht!

Ratsmitglied Prüllage: Also, wenn das Gericht das sagen würde, was ich nicht glaube, dann könnten wir nichts dagegen machen, da haben Sie völlig recht! Wenn das Verwaltungsgericht anordnet, daß die Genehmigung erteilt werden muß, dann haben wir uns dem zu fügen, also, das heißt, wir nicht so sehr ... der Kreis in erster Linie ... als Baugenehmigungsbehörde. Wir sind ja nur anhörungsberechtigt.

Wir: Also, das ist eine klare Sache, dann fügt ihr euch?

Herr Prüllage: Ja, was heißt fügen? Sollen wir denn Demonstrationen veranstalten vor der Pohlmannschen Baustelle, oder wie denken Sie sich das? Wenn eine klare, juristisch einwandfreie und abgesicherte rechtskräftige Entscheidung vorliegt, dann können wir doch dagegen nichts tun!

Herr Escher: Aber wenn das zutreffen sollte, dann könnte doch gleich das Gericht alle Gemeinderäte... entlassen und sagen, also, das machen wir alles von Oldenburg und von Celle! Ihr braucht gar nicht mehr im Gemeinderat zu sein! Wir haben hier die Hoheit und haben zu bestimmen, was und wie gebaut werden darf. Und wenn wir was bauen..., die obere Baubehörde, sprich Kreis, die haben noch mitzusprechen..., aber wir sind doch für unsere Gemeinde zuständig, verantwortlich! Und die Behörde, die kann vielleicht mal entscheiden, ob dies und das Rechtens ist, aber die hat nicht zu entscheiden, ob Pohlmann noch Hühnerställe bauen kann.

Ratsmitglied Frau Geweke: Ja, gut. Es ist im Gespräch, daß beim Schöffengericht davon gesprochen worden ist, und ich meine, wenn dieses im Gespräch ist und wir wissen, im Hinterkopf von Herrn Pohlmann schlummert schon so etwas, dann kriegt er das auch durch, egal wie! Und wenn wir jetzt diesen Tip bekommen haben, dann wäre es vielleicht unsere Aufgabe als Gemeinde, uns auch mal dahinterzuklemmen.

Zwischenruf: Da wecken wir schlafende Hunde!

Frau Geweke: Ja, hätten wir vielleicht öfter schon mal schlafende Hunde geweckt!

Herr Prüllage, hauptberuflich Richter in Osnabrück: Ich habe immer noch den vielleicht ein wenig hilflosen und treuherzigen Optimismus, daß wir hier in einem demokratischen System leben, in dem sich also die politischen Entscheidungen auch irgendwie nach Mehrheiten richten. Und ich habe einfach doch den Optimismus, daß die Mehrheit... also, daß die Grundstimmung in der Bevölkerung die ist, daß man diese Riesenkonzentrationen in unserer Landschaft nicht will. Und daß Politiker, die so etwas betreiben, sich auf ein ganz gefährliches Feld begeben!

Neuenkirchen in Südoldenburg

Die Gemeinde Neuenkirchen ist überzeugt, selber bestimmen zu dürfen, was im eigenen Ort geschieht. Offensichtlich ist den Ratsmitgliedern ein Vorgang aus Visbek, im nördlichen Teil des Landkreises Vechta, unbekannt.
Einem nicht aus Visbek stammenden Massentierhalter war zweimal vom Rat die Erlaubnis verweigert worden, einen Schweinemaststall zu erweitern und einen Kälberaufzuchtstall zu errichten.
Die Kommunalaufsicht des Landkreises gab dem Antragsteller recht und schrieb der Gemeinde Visbek, sie könne nicht einfach »Nein« sagen, weil sie keine weitere Massentierhaltung auf dem Gemeindegebiet wolle und weil sie die Güllebelastung grundsätzlich für zu groß halte. Auch habe sie schon gar nichts gegen auswärtige Bewerber zu haben!
Es ist möglich, daß noch einige Gemeinden in Südoldenburg in der nächsten Zeit erkennen, daß weder die Gesetze noch die große Landwirtschaftspolitik auf ihrer Seite sind.

Es war einmal...
im bitterarmen Oldenburger Münsterland

Die Oldenburger sind stolz! Sie sind stolz auf ihren Ideenreichtum und ihre Leistungen. Sie sind stolz darauf, daß sie aus ihrem bitterarmen »Oldenburger Münsterland« eines der reichsten Agrargebiete Deutschlands gemacht haben. (Südoldenburg wird wegen seiner Zugehörigkeit zum Bistum Münster von 1252 bis 1803 auch Oldenburger Münsterland genannt.)

Auf den sandigen Geestböden in den Landkreisen Cloppenburg und Vechta wuchs immer schon sehr wenig. Dazu kamen schlechte Witterungsbedingungen und eine geographisch ungünstige Lage. Noch 1887 war über 50% der südoldenburgischen Geest Heideland. Mit einer bodenständigen Landwirtschaft konnten nur wenige Tiere gehalten werden. Eine Intensitätssteigerung der Böden war kaum möglich, weil natürlicher Tierdünger fehlte.

Während des ganzen 19. Jahrhunderts wanderten immer wieder vor allem junge Bauern nach Amerika aus. Sie hatten in Südoldenburg keine Möglichkeit, ihr Leben zu fristen. 1870 begann eine zweite Abwanderungsbewegung in die aufstrebenden Industriegebiete an Rhein und Ruhr. Hier war mehr zu verdienen, als mit der kargen Landwirtschaft, mit der Kornbrennerei, mit Heimarbeit (Wolle, Textilien) oder mit der Lohnarbeit im benachbarten Holland. Heimarbeit und »Hollandgängerei« boten noch in der ersten Hälfte des Jahrhunderts gute Möglichkeiten, »dazu«zuverdienen. Der Niedergang der holländischen Handelsmacht und die Erfindung maschineller Webstühle in England machten dem ein Ende. Windhorst beschreibt die Situation der Bevölkerung so: »Das Mißverhältnis zwischen Bevölkerungszunahme und zur Verfügung stehendem Nutzland bewirkte neben anderen Ursachen ein Stagnieren der Landwirtschaft... Auswanderung nach Übersee und Abwanderung in die erstarkenden Industriegebiete in der zweiten Hälfte des Jahrhunderts führten zu hohen Bevölkerungsverlusten, bewirkten durch die Möglichkeit der Aufstockung der Pachtflächen aber auch eine Verbesserung der Produktionsmöglichkeiten..., die Marktferne und das Fehlen geeigneter Transportmöglichkeiten erschwerten den Absatz, so daß für Getreide und Fleisch nur geringe Markterlöse erzielt wurden...« Gegen Ende des 19. Jahrhunderts änderte sich die Lage schnell. Die Eisenbahn kam. 1875 wurde die Strecke Oldenburg–Osnabrück, zehn Jahre später die Anschlußstrecke nach Vechta eröffnet. Bis 1898 waren Bahnverbindungen in das Ruhrgebiet und zu den Weserhäfen geschaffen.

Die Oldenburger erkannten sofort ihre Chance. Die schnell anwachsende Bevölkerung im Ruhrgebiet brauchte Nahrungsmittel in Massen. Über die Bahn und die Häfen konnten die Bauern günstige Dünge- und Futtermittel einführen – und sie begannen zu mästen. Durch den jetzt stärker anfallenden Naturdünger und die Einführung von Stickstoff, Phosphat und Kalk wurde auch der Boden ertragreicher. Und die Oldenburger importierten! Sie brachen Heide und Grünland um, rodeten Wälder und intensivierten die Tierhaltung – Fleisch und Eier für Rhein und Ruhr! Das eigentliche Innovationszentrum war damals die Bauernschaft Kroge. Hier gab es schon vor dem Ersten Weltkrieg Betriebe mit 1000 Schweinen! Auch in Damme und Lohne wurde heftig gemästet. Die ursprünglich ungünstige Mittellage zwischen Hamburg, den Weserhäfen und dem Ruhrgebiet erwies sich jetzt als äußerst vorteilhaft.

Während des Ersten Weltkrieges und den folgenden Wirtschaftskrisen brach dieses System jedoch fast vollständig zusammen. Die Futtermitteleinfuhr sank aufgrund mangelnden Kapitals und der allgemeinen politischen Lage. Faschistische Autarkiebestrebungen halfen den Südoldenburgern in den dreißiger Jahren wieder auf die Mästerbeine. Durch die Initiative der Landwirte und den großen Lebensmittelbedarf der Bevölkerung im Ruhrgebiet kam die intensive Veredelungswirtschaft erneut in Schwung.

Auch die kleineren Bauern hatten teil an dem Boom, zumindest eine Zeitlang. Die ländliche Solidarität ist inzwischen an der harten Konkurrenz fast zerbrochen. Nach und nach verschwinden die Höfe mit weniger als 20 ha. Die Großen wachsen und expandieren.

Noch sind die Oldenburger stolz. Stolz auf ihre Leistungen. Stolz auf ihre großen »Oldenburger Jungs«.

Es war ein Obstgarten da, es war ein Gemüsegarten da...

Als wir den Neuenkirchener Gemeinderat fragten, ob denn in Neuenkirchen irgendwelche Bauern dem Strukturwandel zum Opfer gefallen seien, wurde klar verneint... Die zwei Höfe, die kaputtgegangen seien, bei denen lägen andere Gründe vor... Einer hätte sowieso noch nie recht wirtschaften können, beim anderen hätten die Erben gefehlt. Ansonsten gäbe es noch alle Höfe wie früher, und die wären gesund...

Nach dem Gespräch im Gemeinderat kam der Abgeordnete Bernhard Hermesch zu uns. Der Gemeinderat wolle – typisch für die Oldenburger – gegenüber Außenstehenden nicht so recht an die ganze Sache ran. Er aber habe, weil seine Familie direkt vom Strukturwandel getroffen wurde, keine Lust mehr, die ganzen Probleme nur vage anzusprechen bzw. unter den Teppich zu kehren.

»Ich weiß, daß ich hier im Ort furchtbaren Ärger bekomme, wir sollten uns aber trotzdem noch einmal treffen, ich will Ihnen etwas zeigen.«

Wir verabredeten uns. Treffpunkt eine der vielen Kneipen des kleinen Ortes. Gemeinsam fahren wir nach Grapperhausen am Rand des Gemeindegebietes. Verstreut liegen ein paar Höfe, von der Straße aus gerade noch sichtbar. »Vor 15 Jahren hatten hier noch fünf Betriebe auf 100 ha ihr Auskommen von der Landwirtschaft. Nur ein einziger blieb übrig!«

Wir biegen links in einen kopfsteingepflasterten Weg, der schon lange nicht mehr befahren wird. Zwischen den Steinen wächst hohes Gras. Hinter mannshohen Brennesselfluren, Gestrüpp und verwildertem Gebüsch einer der fünf Höfe. Er sieht noch intakt aus.

Rechts eine große offene Maschinenhalle. Neu. Weißer Klinker, das Dach vollkommen in Ordnung. Die Halle ist leer. Links, ein wenig abseits mit Dornen und Brennesseln umwuchert, ein niedriger Steinbau, Mauern und Dach in gutem Zustand.

»Das war der Schweinestall. Den hat mein Vater erst vor zwanzig

Eine Suhle für die Schweine – als Landwirtschaft noch **Land**wirtschaft war

Jahren gebaut.« Auch er ist leer. Die hölzernen Schweinekoben sind zerstört.
Die hohen Bäume rauschen im Wind. Zwischen Himbeer- und Brombeerranken schauen noch ein paar Mauerreste hervor. Ein weiterer Stall, der beim Abzug der Familie Hermesch auf Anordnung des Verpächters (einem reichen Industriellen aus Düsseldorf) abgerissen werden mußte.

Das Wohnhaus, keine hundert Jahre alt, roter Backstein, angebaut an eine mächtige alte niedersächsische Scheune.
Durch das breite Rundbogentor betreten wir die Anlage. Durch die vielen Lücken zwischen den Dachschindeln scheint die Sonne. Zarte Strahlen geben ein wenig Licht in der dunklen Scheune, machen die Stimmung irreal, romantisch, morbid. Bretter und Balken liegen herum, kaputte Schweinebuchten, ein alter Hammer, ein verrosteter Eimer.
Durch eine niedrige Tür betreten wir das Wohnhaus. Das gleiche Bild. Heruntergerissene Tapeten, die Waschbecken abgebrochen, am Boden Scherben, eingeworfene Fenster. Eine Matratze und ein bißchen Heu in einer Ecke. Penner hatten hier eine kurze Zeit Zuflucht gesucht. Ein verlassenes Haus verfällt schnell.
Es war, als die Familie vor drei Jahren den Hof verließ, alles gut in Schuß. Jetzt will das Haus sowieso niemand mehr haben. Zwei Männer aus Osnabrück betreten das Gelände. Sie wollen sich das zum Verkauf stehende »Bauernhaus im Grünen« mal ansehen. Sie gehen schnell wieder. »Würden Sie das vielleicht kaufen?« sagt einer zum Abschied. Aber hier geht es gar nicht um Bauernhäuser.
Bernhard Hermesch erzählt:

Meine Familie hat diesen Hof fünfundfünfzig Jahre bewirtschaftet. Wenn ich hier stehe, stimmt mich das ganz schön nachdenklich, muß ich sagen, da man ja seine Jugend hier verbracht hat und nie damit gerechnet hat, daß man dieses einmal alles aufgeben muß. Pachtbetriebe lohnen sich in dieser Form als Mischbetriebe überhaupt nicht mehr, wenn, dann nur als Großbetriebe mit viel mehr Ländereien und erheblich mehr Veredelung... also, in dieser Form wie hier Landwirtschaft zu betreiben ist nicht mehr rentabel.

Frage: Was wird denn aus diesem Hof?

Der verkommt weiter, und man muß damit rechnen, daß er über kurz oder lang abgerissen wird und auch begradigt wird...

Frage: Und die Bäume, die hier noch stehen?

Die werden irgendwann auch der Kultivierung weichen müssen. Das sind trübe Aussichten, aber es wird sich wahrscheinlich nicht anders machen lassen. Es ist aus diesem Hof nichts mehr rauszuholen. Allein die Gebäude zu verpachten, ist nicht drin, weil kein Interesse vorhanden ist... Wird abgerissen!
Früher war das lange Feld hier in Parzellen aufgeteilt, es war eine Wiese dabei, es war ein Obstgarten da, es war ein Gemüsegarten da. Ein Bach floß durch, mit Sträuchern, eine Hecke ging durch. Das ist alles weggerodet worden, das ist alles ein Feld geworden... alles der Rentabilität zum Opfer gefallen. Das Feld ist circa 1,5 km lang. Das einzige, was noch dazwischen ist, ist noch ein Weg..., dieser Weg wird irgendwann auch noch verschwinden. Das ist jetzt ein Land, das wenig Bearbeitung braucht, sehr rentabel geworden ist. Zu Lasten natürlich der Landschaft und der Natur.
Wir sind jetzt seit drei Jahren ausgezogen. Mein Bruder hat Landwirtschaft gelernt, der ist jetzt Fernfahrer. Der hat Landwirtschaft mit Diplom abgeschlossen, aber er hatte hier einfach keine Zukunft auf dem Betrieb, da es ein Pachtbetrieb war und die Pachtpreise hier in der Gegend ihn zwangen, einen anderen Beruf auszuüben.

Es kann ja sein, daß ich verschont werde...

Über das Thema Höfesterben sprachen wir mit dem jungen Oldenburger – Student der Agrarwissenschaften, Hoferbe und Kritiker der heimischen Verhältnisse – der uns schon über seine Einstellung zur offiziellen Landwirtschaftspolitik berichtete. Daß alles, bis hin zur Kreditvergabe, der Konzentration, dem Strukturwandel dient, ist ihm längst klar.

Peter T.:
Man kann an niemanden günstiger Geld ausleihen als an einen Landwirt. Der hat ja seinen Grund und Boden dem gegenüberstehen. Wenn es dann nicht mehr geht, dann wird verkauft, ist ja kein Risiko für die Bank dabei! Es ist vielfach gar nicht danach gegangen worden bei der Kreditvergabe, ob der Betrieb das jetzt auch tragen kann, ob der die Ertragsfähigkeit hat.
Es wird so lange laufengelassen, bis der Betrieb das überhaupt nicht mehr aufbringen kann. Das geht eben so lange, bis dann alles verspeist ist. Da wird nicht vorher die Notbremse gezogen! Da müßte eben sofort eingegriffen werden, wenn der Landwirt die Kapitaldienste, Zins- und Zinseszins, die Tilgung nicht mehr leisten kann. Es ist vielfach so gemacht worden – wenn das mal ein Jahr nicht gelaufen ist – ist wieder Geld reingesteckt worden, immer wieder nachgeschoben.
Ich hab' meinetwegen einen Betrieb, der ist vom Grundbesitz und allem, was ich hab', eine Million wert. Auf dem Betrieb erwirtschafte ich aber, sagen wir mal – wenn ich zu den 20% gehöre, die einen Ertrag haben, die ausreichendes Einkommen haben – 70000 Mark im Jahr oder 80000 Mark im Jahr.
Nun kann ich aber theoretisch auf meinen Betrieb eine Million aufnehmen, dann ist ja noch volle Deckung da! Dann muß ich aber schon 100000 Mark Kapitaldienste leisten! Das kann ich gar nicht bringen, weil ich nicht die Ertragskraft hab'. Wenn ich einigermaßen leben will, kann ich ja maximal 20000 Mark Kapitaldienste machen!

Es ist nicht danach geurteilt worden, daß einer 'ne Bilanz vorlegen mußte – was habt ihr in den letzten drei, vier Jahren überhaupt erwirtschaftet. Da geht ein Landwirt, der alles frei finanzieren muß, zur Bank hin und sagt: Ich will einen Stall bauen. Jetzt wird angenommen, daß soundso viel verdient wird am Schwein... dann läuft das schon irgendwie. – Aber das ist vielfach nicht gelaufen!

Frage: Wie kriegen die Banken das Geld wieder?

Die Sicherheit ist ja in jedem Fall da. Wenn erkennbar ist... die Leute haben zwei-, dreimal selber eingestallt... daß es nicht mehr geht, wird der Stall dann eben verpachtet. Denn mit dem kann ich ja kalkulieren! Wenn ich verpachte, das Geld hab' ich, mit dem kann ich kalkulieren. Dann habe ich quasi – mehr oder weniger – ein berechenbares Einkommen, dann kann ich die Kapitaldienste ausrechnen, dann funktioniert das schon.

Frage: Würdest du so weit gehen, daß es den Banken egal ist, was aus einzelnen Bauern wird?

Das ist, glaube ich, sehr unterschiedlich. Das hängt ganz davon ab. Das hängt von der Bank ab oder vom Bank-Rendanten, von den jeweiligen Leuten, die jetzt auf der Bank sitzen. Sagen wir mal, 30- oder 40% des Werts zu beleihen oder auch 50% des Werts zu beleihen, den dieser Hof hat..., es gibt sicherlich Betriebe, die sind in der Lage, die Kapitaldienste dann zu leisten, wenn sie ein optimales Management haben.
Nur glaube ich, daß in der Vergangenheit Fehler gemacht worden sind, daß gesagt worden ist: Die einen können das, die haben 'ne supermoderne Anlage..., wenn der andere jetzt 'ne supermoderne Anlage kriegt, dann kann der das auch, das läuft dann schon!
Nicht berücksichtigt hat man, daß die Betriebsmittelpreise explodiert sind, die sind ja drastisch gestiegen, und daß die Erlösseite nicht mitgekommen ist. Die Spanne ist ja gleichgeblieben, die ist ja nicht größer als vor sechs oder zehn Jahren. Da hatte ich nominal das gleiche, aber real mehr!

Wenn ich heute 35 Mark brutto am Schwein hab' und hab' die vor zehn Jahren gehabt, konnte ich vor zehn Jahren massig mehr mit anfangen. Und vor allem das hohe Zinsniveau jetzt! Das ist ja auch noch wieder 'ne Geschichte... Und zum Leben brauch' ich heute auch mehr wie vor zehn Jahren.
Wenn man jetzt die politische Seite sehen will, von der Agrarpolitik her, kann man schon irgendwie den Verdacht kriegen, daß sehr viel geredet wird über den Familienbetrieb, daß im Prinzip aber... das ist so 'n Hinhalten. Es wird immer wieder drüber geredet. Man macht die Leute glauben, daß sie doch noch ganz gut betreut werden, will ich mal sagen, aber in Wirklichkeit spielt sich nicht mehr viel ab. Daß die Sicherung der Familienbetriebe gar nicht so durchgeführt wird, wie drüber gesprochen wird. Irgendwo gilt der Spruch immer noch: Wachsen oder weichen!

Frage: Wissen die Leute hier, was auf sie zukommt?

Unterschwellig schon. Ich glaub', unterschwellig wissen die Leute schon, was hier passiert in der nächsten Zeit. Aber – wahrhaben will es natürlich niemand!... Also, daß er selber betroffen ist.
Das ist ja das Problem. Es kann ja sein, daß ich verschont werde... ich pack's, und die anderen fallen raus! Da wird immer drüber gelächelt, wenn da gesagt wird, 100000 bleiben über. 100000 von 400000..., das ist ja wohl ein bißchen übertrieben, sagt man, da werden doch wohl 'n paar mehr überbleiben. Außerdem... wo sollen die Leute hin...?
Aber die Entwicklung wird wohl voll dahin gehen... Das sind ein paar hunderttausend Leute, die arbeitslos werden. Der Mansholt hat ja seinen Plan damals widerrufen, aber im nachhinein ist es ja doch so gekommen, das war eine Prognose von ihm, mit der er in jedem Fall recht behalten hat. Die Prognose war: Da müssen wir hinkommen, das müssen wir fördern... und das ist so gekommen, egal, was gesagt wird...
Obwohl heute ja schon wieder abzusehen ist, daß das vielleicht in zehn Jahren schon lange nicht mehr reicht. Vierzig, fünfzig Hektar und tausend Schweine... das ist jetzt so das Richtige... aber was ist die nächste Steigerung? Kommt das jetzt, daß die mit den

Agrarindustrie – welcher Bauer kann da mithalten?

tausend Schweinen genauso aussteigen müssen wie Anfang der 60er Jahre die Leute mit tausend Hühnern?
Bloß... jetzt gibt's kein Umsatteln mehr... jetzt kann ich nicht wieder von Schweinen auf Hühner umsatteln... Kühe ist auch dicht... es gibt kein Umsatteln mehr... ein paar müssen weichen, ein paar bleiben über.
Man kalkuliert eben ein, daß soundso viele arbeitslos werden oder Sozialhilfe kriegen. Wenn man den Agrarbericht liest, daß, ich glaub', 18 oder 20% der Betriebe berechtigt wären, Sozialhilfe zu kriegen, weil sie nicht genügend erwirtschaften, die es aber nicht machen und eben mit dem Einkommen auskommen, die zwischen sieben- und zehntausend Mark liegen – pro Jahr...
Irgendwas ist da dran kaputt, irgendwas ist da faul!

Was ist hier eigentlich los?

Wie in vielen Gegenden, wo jeder jeden kennt, wo der Apotheker, der Bürgermeister, der Pfarrer und der Lehrer noch wer sind – in Gegenden, wo sich die Menschen mit Vorliebe gegen die Menschen aus anderen Gegenden abgrenzen – also sagen wir mal, in einer Gegend wie Südoldenburg –, da fällt es einem demokratischen Betrachter schwer, zwischen regionaler Politik, Verwaltung und Geschäftsleben, zwischen öffentlichen und privaten Interessen saubere Grenzen zu ziehen.
Mit anderen Worten – ein Besucher findet sich kaum durch im dicken Filz der Vetternwirtschaft. Vielleicht mag er einen Zipfel erhaschen und ein wenig unter die dunkle Decke lugen. Vielleicht findet er jemanden aus der Gegend – einen, der sein eigenes Nest beschmutzt...
Der Besucher muß schauen, wie er zurecht kommt. Mit Zeit, ein bißchen Glück und auch Verstand findet er doch die Erklärung, warum alles so reibungslos – und ohne viel Aufsehen zu erregen – funktioniert. Sicher erfährt er nicht alles. Und manch großer Brocken bleibt ihm verborgen.
Einige Dinge sind ihm aber nicht verborgen geblieben. Die mögen genügen, um sich den ganzen Filzteppich – in seinem vollen Ausmaß – vorzustellen.
Wer etwas über die Landwirtschaft erfahren will, insbesondere über die Sorgen durchschnittlicher Landwirte, wendet sich selbstverständlich an deren offiziellen Vertreter. Der Kreislandvolkvorsitzende Höltermann vom Landkreis Vechta war noch nicht lange im Amt, als wir ihn das erste Mal ansprachen.
Sein Vorgänger mußte gehen. Er war als Verfütterer von Thyreostatika aufgeflogen... Der Futtermittelhersteller habe seinen Wagen nicht gereinigt gehabt, sagte er damals aus, deshalb wären wohl vom »vorherigen« Transport noch Spuren des Präparates drin geblieben... Außerdem gehörten die Kälber überhaupt nicht ihm – sondern seiner Frau.
Eine Entschuldigung übrigens, die wir immer wieder, wenn et-

was »mulmig« wurde, zu hören bekamen. Die oldenburgischen Frauen müssen es faustdick hinter den Ohren haben! Kurz vor der Urteilsverkündung gestand der Hormonliebhaber dann doch. Und, wie gesagt, als Kreislandvolkvorsitzender mußte er seinen Hut nehmen.
Zurück zu Herrn Höltermann. Ihm kann man nichts Schlechtes nachsagen. Außer, daß er Angst hat. Wovor, konnten wir, so oft wir auch mit ihm sprachen, nicht herausbekommen. Immer wieder versuchten wir, ihm klarzumachen, daß wir nicht die Bauern für die Zustände im Kreis beschuldigen, daß wir gefährliche Strukturveränderungen sähen, die gerade jene Menschen bedrohen, deren Vertreter er doch sei. Es nützte nichts.
Im Gegenteil. Ein Mann dieser Gegend traut keinem Fremden. Höltermann wollte aber nicht direkt »nein« sagen. Wir machten Telefontermine. Mehrere. Ganz zufällig war er dann immer »gerade weg« oder »noch nicht da« oder »gerade schon wieder weg«.
Neuer Termin – »da ist er sicher da« – neues Spiel. Bis er dann überhaupt nicht mehr erreichbar war. Ein vertrauensvollerer Landwirt zitierte seinen Kreislandvolkvorsitzenden: »Mit denen rede ich nicht, die wollen uns und Pohlmann doch nur fertigmachen!«
Immer wieder ging es uns so.
Erster Hinweis: Der und der kennt sich in bestimmten Problemkreisen besonders gut aus. Zweiter Hinweis: Der wird Ihnen aber nichts sagen. Dritter Hinweis: Hier wird Ihnen keiner was sagen. Hier erfahren Sie nichts.
Die Angst sitzt den Menschen im Nacken. Die Angst vor der Macht der Futtermittelhersteller, von denen die Bauern in finanzieller Not manchmal gerne Geld genommen haben, weil keine Eintragung ins Grundbuch erfolgt! Die Angst vor den Banken, bei denen sie beinahe durchweg alle immens verschuldet sind. Die Angst vor der Pleite. Die Angst vor der übrigen Bevölkerung, die sie als Umweltvernichter beschuldigt. Vor allem die Angst vor den Nachbarn, die etwas erfahren könnten. So bleibt allerhand im dunkeln.
Nicht ganz im dunkeln aber bleibt manche Ämterverfilzung. Ein paar Beispiele seien aufgeführt, wobei nicht behauptet werden

muß, daß hier etwas gegen geltendes Recht geschieht. Es ist alles legal in Vechta.
Zum Beispiel Landrat Krapp. Landräte werden, als Spitze des »Parlaments«, vom Kreistag gewählt und repräsentieren den Kreis. Sie haben den Verwaltungsapparat im Rücken und in der Praxis sicherlich jede Akteneinsicht.
Herr Krapp ist Landtagsabgeordneter und Vorsitzender des Ausschusses für Wirtschaft und Verkehr im niedersächsischen Landtag. Das scheint nicht besonders interessant zu sein, wenn man nicht weiß, daß Clemens-August Krapp u. a. eine Haushaltwaren-Ladenkette besitzt, in beinahe jedem südoldenburgischen Dorf eine Filiale. Bei öffentlichen Ausschreibungen – Heizungsanlagen, Belüftung, Küchen ... für Krankenhäuser, Schulen etc. – bietet er kräftig mit. Als Gentleman verläßt er natürlich vor der Abstimmung den Sitzungssaal! Es muß schließlich alles seinen demokratischen Gang gehen.
Herr Krapp ist stellvertretender Vorsitzender des CDU-Landesverbandes, hinter Landwirtschaftsminister Glup. Und wer glaubt, es handle sich um den »niedersächsischen« Landesverband, hat sich gehörig getäuscht. Einmalig in der Bundesrepublik, hat das alte Ländchen Oldenburg seinen eigenen CDU-Landesverband! – Ein Dorn im Auge des Ministerpräsidenten Albrecht. Aber er hat es nicht geschafft, den zweiten Landesverband in seinem Land aufzulösen.
Landrat Krapp ist Aufsichtsratsvorsitzender des einflußreichen Landes-Elektrizitätsverbandes. Praktisch – und sicherlich sinnvoll, da er doch ohnehin beruflich soviel mit Strom zu tun hat... beim Heizen und Kochen – und beim Belüften Südoldenburgs.
Herr Krapp hat als Landrat Stellvertreter. – Herr Wempe und Herr Wernke, politisch und geschäftlich rege Leute. Herr Wempe ist nicht nur stellvertretender Landrat, damit mag man sich hier nicht begnügen. Er ist auch Bürgermeister seiner Heimatgemeinde Visbek und nebenbei Geschäftsführer einer der größten südoldenburgischen Eier- und Fleischerzeuger, nämlich von Visbek-Ei und Visbek-Fleisch. Die Frage, ob Visbek-Fleisch und -Ei in Visbeck prosperieren, scheint wohl überflüssig.
Anfang 1983 hatte der Gemeinderat in Visbek neue Ställe für ein Unternehmen abgelehnt. Die Nitratbelastung des Grundwassers

sei schon jetzt bedenklich. Und wenn schon gebaut werden solle, so der Rat, dann dürften doch wohl nur »einheimische« Bewerber zum Zuge kommen! So geschah es. Eine andere Bauanfrage eines heimischen Landwirts wurde kurze Zeit später positiv beantwortet. Dieser sei »geborener« Landwirt und stamme außerdem aus Visbek! (Oldenburgische Volkszeitung 10. 2. 1983) – Beweis, daß im Dorf von Bürgermeister Wempe außer Visbek-Ei und Visbek-Fleisch auch andere Firmen weiterkommen?
Geschäftsführer und stellvertretender Landrat Wempe sitzt im Verwaltungsrat der »Landessparkasse zu Oldenburg« und des »Sparkassen-Zweckverbandes«. Da hat er ein Auge auf die verschuldeten Bauern, die nur über Kreditaufnahme modernisieren und rationalisieren können. Frage: Wie verheimlicht er, was er als Bürgermeister und Landrat-Stellvertreter ruhig wissen darf, vor dem Geschäftsführer in sich?

Stellvertretender Landrat Wernke ist Bürgermeister von Holdorf. Hier steht ein 500000-Hennen-Stall von Pohlmann, hier gibt es eine große Molkerei, ein Bausteine-Werk und ein paar Bauern. Der Ortslandvolkvorsitzende Wernke hat selber einen großen Betrieb.
In der Nähe liegt ein Brunnen des Oldenburgisch-Ostfriesischen Wasser-Verbandes (OOWV). Aus diesem, so heißt es, darf aufgrund zu hoher Nitratwerte nicht mehr gefördert werden. (Die öffentliche Diskussion um Gülle und zu hohe Nitratwerte im Trinkwasser entstand rund um das Wasserwerk Holdorf!)
Herr Wernke ist Mitglied der Verbandsversammlung des OOWV und wird dort von Herrn Wempe vertreten. Übrigens – Herr Wempe vertritt seinerseits Herrn Krapp, im Landes-Elektrizitätsverband.
Alles klar? – Wempe und Wernke sitzen auch im Kreistag und sorgen für das Wohl der Region. Im Umweltausschuß des Kreises sind von den elf Mitgliedern – sieben Landwirte bzw. der Landwirtschaft verpflichtet.

Herr Klöker zum Beispiel. Er ist stellvertretender Kreislandvolkvorsitzender und im regionalen Geflügelwirtschaftsverband. Bauer Klöker schützt gemeinsam mit den anderen Landwirten im Umweltausschuß die Natur vor den Auswirkungen der Massentierhaltung. Zum Kauf des Landschaftsschutzgebietes Dinklager Burgwald durch den Eierkönig Pohlmann und dessen Wunsch, dort einen Schweinestall mit 2000 Sauen zu errichten, bemerkte Klöker: »Wenn er 180 ha kauft, soll er auch bauen dürfen!«

Übrigens, der Vorsitzende des Umweltausschusses im Landkreis Vechta hat ein Landschaftsplanungsbüro und nimmt die Interessen der Torfwirtschaft wahr, kümmert sich also um Torfabbau und Nutzung der Moore. Zum Ausgleich schützt er als Vorsitzender des Umweltausschusses im Rahmen des niedersächsischen Moorschutzgesetzes heftig dieselben Moore! Es kann also gar nichts passieren. Interessenkollision?

Neben Wempe, Wernke und Klöker finden wir im Kreistag auch den Karnevalspräsidenten der Dammer Karnevalsgesellschaft von 1614: Rechtsanwalt und Notar Fritz Enneking, Besitzer ausgedehnter Stallungen.

Rechtsanwälte und Notare sind in dieser Gegend wichtiger als anderswo. Denn wer macht die Pacht- und Lieferverträge? Wer hilft beim Auf- und Abbau von GmbH und Co.KGs? Wer kennt alle möglichen juristischen Pfade? Wo gibt es Rechtsanwälte, die selber Schweine halten? – Sich mit »Landwirtschaft« auskennen? – In Südoldenburg.

Fritz Enneking ist – und das wird ihm als Notar sicher nicht schaden – Vorsitzender im Bauausschuß. Dazu stellvertretender Bürgermeister in Damme. Als Präsident des Schützenverbandes kann er zahlreiche schießfreudige Landwirte hinter sich versammeln.

Der Kreis, in dem die Herren agieren, ist auch für die personelle Besetzung der Veterinärbehörden verantwortlich. Das macht man so, daß »es gut klappt«. Allzu große Kontrolle läßt sich allein schon durch personelle Unterbesetzung verhindern! Seit Jahren wird der Personalbestand bei den Veterinären nicht aufgestockt.

Dennoch passierte es, daß in Goldenstedt ein ganzer Stall Jungkälber wegen hoher Dosen von Östrogenen beschlagnahmt wurde, die Kälber waren nicht zum Verzehr freigegeben! Hun-

dert Kälber verschwanden über Nacht und sollen in Nordrhein-Westfalen geschlachtet worden sein. Niemand fand sie mehr.
Der Agrarindustrielle Paul Wesjohann sitzt als CDU-Abgeordneter im Kreistag. Er ist Mitglied im Finanzausschuß. Er habe, so erzählt man, für seinen Betrieb eine Stundung der Geflügelkontrollgebühren (1982/83) erwirkt. Seine Geflügelwirtschaft muß so ungesund sein und er so arm, daß er zu wiederholtem Mal auf Betriebsversammlungen seine Belegschaft überzeugt hat, auf Urlaubs- und Weihnachtsgeld zu verzichten...! »Sonst müssen wir den Laden morgen dichtmachen!«
Es funktioniert. Immer wieder! Zum letztenmal Weihnachten 1983. Herr Wesjohann schließt den »Laden« keineswegs.

Jeder kennt jeden... Und man hat seine Freunde. Fritten-Stöver ist bekannt für »Großjagden«. Das niedersächsische Kabinett jagt regelmäßig in seinen Gründen. Neben den Agrarindustriellen der Gegend erschienen auch der ehemalige Landwirtschaftsminister Ertl, Freiherr von Heereman und Minister Glup des öfteren. Man kennt sich und weiß – man kann sich aufeinander verlassen.
Woran die High-Society der Landwirtschaft bei Stöver Gefallen findet, der seinen Gästen etwas bieten möchte? – Was ist schöner bei einer Jagd als eine große Strecke? (für Laien: möglichst große Beute!)
Und dafür sorgt Stöver. In Massentierhaltung gezogene Fasanen werden zwei Tage vor der Jagd »wild« gemacht und dann im Wald zur Lust des Waidmannes verteilt. Aufgrund ihrer besonderen Wildheit können sie von den Jägern – aus Bonn, Hannover und Vechta herbeigeeilt – kinderleicht abgeknallt werden.
Nur 1983 wird Stöver bei seinen Freunden nicht soviel Anklang gefunden haben. Die Strecke war eher mickrig! Und dabei war wie immer für fast alles vorgesorgt! Hatte man doch erst am Vorabend der Jagd Massen von Enten auf der Hunte ausgesetzt.
Die Jäger aus dem benachbarten Goldenstedt rochen Lunte und waren früher auf der Pirsch. Sie wollten ihrem großen Herrn aus Aldrup mal eins auswischen. Als Stöver mit seinen illustren Gästen um sieben Uhr am Hunte-Ufer auftauchte, waren die Enten weg. Dieses Mal hätte er früher aufstehen müssen...

Trotz des seit Jahren unwaidmännischen Verhaltens wagte Stöver, sich über die fixen Goldenstedter beim Landesjagdverband zu beschweren! Das aber wird ihm nicht so gut bekommen. Denn welcher Landesjagdverband findet diese Art der lustigen Jägerei – lustig?

Wer in einer Gegend wie Südoldenburg etwas erfahren will, muß viel fragen. Und er hört Wahrheiten, Halbwahrheiten, Geschichten. Ernst wird es, wenn man – wie wir es für den Film taten – die Polizei befragt und nichts erfährt. Gerade sie sollte der Öffentlichkeit Auskunft über Machenschaften geben, die der Gesellschaft schaden.

Die Polizisten wollten gerne... Aber sie wurden gestoppt! Der leitende Polizeidirektor Günter Schnupp gab aus der Stadt Oldenburg strikte Anweisung, nicht im Bild zu erscheinen. Keine Aussagen. Das wäre ein Politikum. Das sei eine wirtschaftspolitische Sache. Es gäbe allerhöchste Anweisungen. Da hing ja schließlich alles drin... bis zu Glup. Polizisten aus Damme, die von dem »Maulkorb« erfahren hatten: »Wir würden am liebsten als Privatleute was sagen, aber Sie wissen ja...«

200 Tonnen Dickblut, Därme mit Inhalt, Hundefutter

In Bakum, Kreis Vechta, schafft seit 18 Jahren ein Lebensmittelbetrieb, die Firma Rudi Stoll. »Lebensmittelbetrieb« nennt sie jedenfalls der Bürgermeister, Herr Rauber. Vor allem die Gemeinderätin Gisela Sorg aus Bakum kämpft seit Jahren darum, daß dieses Unternehmen als Tierkörper-Beseitigungsanlage erkannt und behandelt wird.

Die Gemeinderätin gründete eine Bürgerinitiative, sammelte Unterschriften, schrieb Briefe an die Bezirksregierung, das Gewerbeaufsichtsamt, das Veterinäramt, das Gesundheitsamt und das Ordnungsamt – bis heute ist nichts erreicht worden. Im Januar 1984 faßt sie in einem Schreiben an die Bezirksregierung Weser-Ems in Oldenburg noch einmal alles zusammen, was sie über die »Lebensmittelfirma« Stoll weiß.

Frau Sorg beklagt, daß Stoll seit Jahren immer und immer wieder ohne Baugenehmigung baut und fleißig erweitert – etwa so, als habe er eine Behördenerlaubnis einfach nicht nötig. Ein Griebentrockner habe jahrelang ungenehmigt Tier- und Blutmehl hergestellt, tierische Abfälle fremder Firmen würden rechtswidrig zu technischem Fett und zu Tiermehl verarbeitet, bis heute gebe es keine Genehmigung für die seit 1977 betriebene Hundefutterherstellung, ungenehmigt vorhanden seien drei Lagertanks für Darmschleim, ungenehmigt Leimwasserbehälter mit 4000 l Inhalt, um monatlich 200 t Blut und Dickblut zu Schweinefutter verkochen zu können.

Die Bakumer Gemeinderätin und andere Bürger leiden unter den viehischen Gerüchen, da einige Wohnhäuser sehr dicht an Stolls Firmengelände liegen; der Betrieb befindet sich nicht etwa außerhalb der Gemeinde! »Darmpakete« ist der hübsch neutrale Ausdruck für Tierdärme mit Inhalt, von denen, laut Frau Sorg, bei Herrn Stoll 120 t im Monat zu Schweinefutter verarbeitet werden. Im Brief an die Bezirksregierung heißt es, daß es hoffentlich einmalig in Deutschland sei, daß ein genehmigter Lebensmittelbetrieb und eine ungenehmigt errichtete Tierkörper-

Beseitigungsanlage innerhalb eines Gebäudes betrieben würden.

Im Januar 1984 formuliert der SPD-Abgeordnete Bartels aus Vechta, umweltpolitischer Sprecher seiner Fraktion, eine parlamentarische Anfrage wegen der Stoll-Fettschmelze in Bakum ... Warum der Betrieb nicht, wie lange zugesagt, ausgesiedelt wurde ... auf welche Weise der Inhaber viermal ohne Genehmigung den Betrieb erweitern oder umstellen konnte ...

Bürgermeister Rauber von Bakum wehrte sich gegen Bartels Darstellung. Wie schon erwähnt, für ihn ist Stoll eindeutig ein Lebensmittelbetrieb, da lediglich Abfälle aus der Schlachtung gesunder und einwandfreier Tiere verarbeitet würden. Bürgermeister Rauber legt »gesteigerten Wert« auf diese Feststellung.

Rudi Stoll selber kündigte rechtliche Schritte gegen den Abgeordneten Bartels an. Ansonsten versuchte er den in Südoldenburg seit Jahren geübten Bluff ... er könne ja den Betrieb dichtmachen und hundert Beschäftigte auf die Straße setzen ...

Herr Stoll versucht der Bevölkerung einzureden, er betreibe sein Unternehmen für Dickblut und Darmpakete, um für Menschen Arbeitsverhältnisse zu schaffen!

Bürgermeister Rauber steuert dem Vorwurf, gegen Stoll zu milde zu sein, mit Strenge in anderen Bereichen entgegen. Eine Frau in Bakum, die ein Gartenhäuschen ohne Erlaubnis einen Meter neben der Grundstücksgrenze des Bürgermeisters gebaut hat, wird es wohl wieder abreißen müssen, sagt Frau Sorg. Die Behörden waren flink in der Verfolgung dieser Hemmungslosigkeit. Wenn Bürgermeister Rauber nicht doch noch eine Baulast-Verzichtserklärung abgibt, muß die Witwe das vier mal vier Meter große Häuschen beseitigen. Die Gemeinderätin: Stichtag ist der 31. Mai 1984.

Anton Pohlmann – zum dritten

Es ist eine aufwendige Arbeit, die »Missetaten« dieses Agrarindustriellen zu rekonstruieren und zu dokumentieren. Nachdem wir mit der Recherche begonnen hatten – nach anfänglicher Vorsicht – brach eine Informationsflut über uns herein. Immer wieder erzählten uns – und dem Team von Radio Bremen – Leute aus der Gegend und bei Pohlmann Beschäftigte schlimme Geschichten, hatten aber Angst, vor die Kamera zu gehen.
Die Macht der Agrarindustrie ist so groß, daß viele um ihren Job bangen müssen, wenn sie auspacken. Die Rolle der Gewerkschaften bleibt in der Regel unbesetzt. Man hat sogar den Eindruck, daß diese Rolle in den hier geschriebenen Stücken erst gar nicht vorkommt.
Vor dem Gelände eines Pohlmann-Betriebes in Holdorf (Legehallen für knapp eine halbe Million Hennen) treffen wir einen Lastwagenfahrer. »Das ist gut, daß ihr euch mal um die Sauereien kümmert«, schreit er uns zu. »Hundert Stunden habe ich diese Woche gearbeitet, drei Nächte nicht geschlafen, das wird heute die vierte! Der Polizei ist das ja egal, die müßten viel mehr kontrollieren!« Als wir mit Kamera und Mikrofon kommen: »Mich dürft ihr nicht filmen, ich verlier meinen Job!« Der Mann fährt für eine Spedition Pohlmann-Eier.
Wer in dieser Ecke mit dem Lastwagen sein Geld verdient, kennt eigentlich nur die miesesten Arbeitsbedingungen. Bei einer Arbeitslosigkeit von 20% überlegt es sich jeder, bevor er den Mund aufmacht.
Ein junger Fahrer hat, nach jahrelangen schlechten Erfahrungen, vor allem bei Anton Pohlmann, jetzt die Konsequenzen gezogen; er gibt diesen Job auf. Selbst die Ehe geriet bei den unmenschlichen Arbeitsbedingungen zeitweilig in Gefahr.

Seine Frau schildert uns die Erfahrungen ihres Mannes und anderer Fahrer-Kollegen bei einem mit dem Tonband aufgezeichneten Gespräch.

Pohlmann-Laster – immer Jobs für Fahrer frei...

Hier Auszüge: Mein Mann hat angefangen als Fahrer und hat da ungefähr ein Jahr gearbeitet. Er war für einen maximal Zehn-Stunden-Tag eingestellt... im Schichtdienst. Das ging vielleicht gerade drei Wochen gut, und dann fing es an, ob er mal so andere Touren fahren könnte... länger und so. Und dann hat sich das innerhalb von vier Wochen eingepegelt, daß er auf einmal fünfzehn bis sechzehn Stunden unterwegs war!

Dann ist er mal liegengeblieben in Essen. Er kam von hinter Frankfurt zurück. Das war nachts um zehn, elf Uhr. Da konnte ihn keiner abholen, er sollte sehen, wie er ein Quartier kriegt, sie könnten sich da nicht drum kümmern... das war Frau Pohlmann. Ich hab' dann meinen Vater aus dem Bett geschmissen, der auch Fernfahrer ist und auch wenig Schlaf kriegt. Dann hat mein Mann noch bei Frau Pohlmann angerufen, ob sie wenigstens das Benzingeld zahlen würde. Dazu hat sie sich dann bereit erklärt.

Wir haben meinen Mann abgeholt. Dann haben wir gewartet, daß sie mal von sich aus drauf kam, als er die Benzinrechnung

eingereicht hatte vorne im Büro... daß dann mal Geld kam, was wir unserm Vater wiedergeben wollten... das wurde irgendwie ziemlich peinlich. Und da kam und kam nichts. Dann ist er da mal hingegangen, und dann hat sie das voll abgestritten, er würd' kein Geld kriegen! Der ist nie zu seinem Geld wieder gekommen. Was willste machen, kannste nichts machen!
...Die ganzen Lkws... das war alles... also wirklich das Letzte... Und nebenbei... nur alleine gefahren... der ist weit mehr gefahren als der durfte. Ich hab' da ja viel mitgekriegt. Mein Mann, der ist ja zehn Jahre gefahren, für mehrere Firmen. Aber da bei Pohlmann, da biste echt ein Sklave! Dann rufen die dich Sonntag nachmittags an, dann mußte hin. Und nicht etwa, daß du das besonders vergütet kriegst... nichts!
Wenn du so andere Fahrer hörst und die unterhalten sich über Pohlmann, das sagt dir jeder – wie mein Mann auch sagte – er hat da ein knappes Jahr gearbeitet und war einer der ältesten Fahrer dort! Daran kannste sehen, daß das ständig wechselt. Der sucht auch ständig, da arbeitet eigentlich jeder nur, weil der jeden einstellt. Leute ohne Fahrpraxis, jüngere Leute, andere kriegt er gar nicht. Da kannste immer anrufen, da kannste auch immer anfangen zu arbeiten.
Der bescheißt dich echt! Der zieht dir alles ab... aber hier gibt's eben nicht viel Arbeit... du hast 'ne Familie, du hast Kredite. Das ist klar... bei siebzehn, achtzehn Stunden... du hast über zweitausend Mark wohl im Monat. Aber, wenn du dir das mal auf die Stunden umrechnest, ist das nicht viel...
Als mein Mann mal neue Reifen drauf haben wollte, kam der Chef in die Werkstatt, und da hat er gesagt, da kommen keine neuen drauf. Und da hat mein Mann gesagt, so fährt er nicht mehr, und da gab's gleich Krach: Hier wird gemacht, was ich sag', und wenn dir das nicht paßt, kannste gleich nach Hause gehen, und deine Papiere werden dir nachgeschickt... so auf diese Art und Weise.

Nach der Zeit bei Pohlmann arbeitete der Mann bei der Firma Sickendiek in Neuenkirchen/Vörden. Die hier abgedruckten Briefe zeigen, daß in der Südoldenburger Nahrungsindustrie ein heftiger Wind weht und eine deutliche Sprache gesprochen wird.

Sickendiek
Fleischwarenfabrik

Sickendiek · Postfach 12 44 · 2846 Neuenkirchen/Vörden

Ihre Nachricht   Ihre Zeichen   Unsere Zeichen   Tag

Sehr geehrter Herr

Nachstehend erhalten Sie eine Aufstellung über Ihre krankheitsbedingten Fehlzeiten von 1980 bis November 1982:

1980	1981	1982
13	2o	44

Sie feiern jedes Jahr mit einer Regelmäßigkeit krank, so daß wir an der Ernsthaftigkeit der Krankheit zweifeln müssen. Wir sind nicht in der Lage, die zusätzliche, hohe Kostenbelastung künftig hinzunehmen und werden Konsequenzen ziehen müssen, sofern sich der Tatbestand fortsetzt.

Mit freundlichen Grüßen
Friedrich Sickendiek

Liepert

Friedrich Sickendiek · Schillerstr. 2-4 · Neuenkirchen/Vörden

Telefon (0 54 95) 3 43/3 44/2 62
Telex 9 41 128
Banken: Kreissparkasse Bersenbrück
(BLZ 265 515 40) 010 020 014
Deutsche Bank Osnabrück
(BLZ 265 700 90) 6/00 528

Friedrich Sickendiek Fleischwarenfabrik Vörde

Sickendiek
Fleischwaren

Sickendiek · Schillerstr. 2-4 · Postf. 1244 · 2846 Neuenkirchen/Vörden

Frischwurst
Dauerwurst
Fleisch-
Konserven

Ihre Nachricht | Ihre Zeichen | Unsere Zeichen | Tag

Sehr geehrter Herr

Nachstehend erhalten Sie eine Aufstellung über Ihre krankheitsbedingten Fehlzeiten in der Vergangenheit:

69	70	71	72	73	74	75	76	77	78	79	80	81	82	
-	-	-	-	-	-	-	-	-	-	-	13	20	49	Tage

Während Ihrer Beschäftigung waren Sie im Jahresdurchschnitt11,88 % arbeitsunfähig. Dieses liegt weit über dem Betriebsdurchschnitt von insgesamt 3,63 %.

Selbstverständlich ist dieses Schreiben nur informatorisch und ohne irgendeine Bewertung.

Mit freundlichen Grüßen
Friedrich Sickendiek

Liepert

Fernruf (05495) 343 344 262 · Telex 9 41128 · Postscheck Hannover 65659-305 · Banken Kreissparkasse Bersenbrück (BLZ 26551540) 010020014 · Deutsche Bank Osnabrück (BLZ 26570090) 6/00528

Friedrich Sickendiek ist Bürgermeister in Anton Pohlmanns Heimatgemeinde Neuenkirchen/Vörden.
Daß Geschäft hier überall über alles geht – viele Einheimische haben sich schon daran gewöhnt. Es sind auch einfach zu viele Geschichten, über die sie sich anderenfalls ständig aufregen müßten...

Zwei Faktoren führen mit Sicherheit zum schnellen Geld: Kleinere schlucken und überflüssige Ausgaben vermeiden, zum Beispiel kostenverursachende Gesetze einfach übersehen!
Ein geradezu klassisches Beispiel dafür ist die Geschichte des Eiproduktenwerks in Vechta. 52 Gesellschafter, davon allein 45 Hennenhalter, hatten es als sinnvolle Ergänzung zur Eierproduktion eingerichtet. Ein Eiproduktenwerk verarbeitet die in diesem Gebiet anfallenden Millionen Knick- und Schmutzeier (dazu die zu kleinen Junghenneneier) zu einer Roheimasse, die als Halbfertigfabrikat direkt in die Produktion der Nahrungsmittelindustrie geht. Die macht daraus Torten, Suppen, Eierlikör, Mayonnaise. Auch die Shampoohersteller nehmen gerne etwas ab.
Da in Südoldenburg die Konzentration in sämtlichen Produktionszweigen an der Tagesordnung ist, übernahm Anton Pohlmann 1974 allein das Eiproduktenwerk. Heute erinnert sich kaum noch jemand, daß da mal 45 Hennenhalter waren...
Als das Werk in Pohlmanns Besitz kam, zeigte sich, daß ein erfahrener Wirtschaftsboß immer noch Möglichkeiten findet, Betriebskosten einzusparen. In die wirtschaftlichen Schwierigkeiten seiner 45 Vorgänger würde er nicht so schnell geraten!
Anton Pohlmann sparte bei der notwendigen Sauberkeit im Eiproduktenwerk so sehr, daß es zu einem in allen Zeitungen beschriebenen Salmonellen-Skandal kam. Die gerichtlich festgesetzte Strafe betrug etwa eine halbe Million Mark. Dem Fortbestand des Werkes hat es nicht geschadet, daß die Bevölkerung eine Zeitlang durch verseuchte Eimasse gesundheitlich gefährdet war.

Während die Salmonellen-Affäre publizistisch ausführlich behandelt wurde, blieb ein anderer Streich nahezu unbekannt. Bei den Dreharbeiten trafen wir ein Mitglied der »Grünen«, Volker Tews aus Neuenkirchen, der uns über Pohlmanns Aktivitäten als Waldvernichter am Rand der Gemeinde eine Aussage vor der Kamera machte.

Herr Tews: Diese Fläche müßte mit Wald vollgepflanzt sein. Hier waren früher zehn Hektar, die sind in einer Nacht-und-Nebel-Aktion von dem Duo Pohlmann/Schwingel in den Zustand versetzt worden, wie man es jetzt hier sehen kann.
(Anmerkung: Pächter Schwingel wird immer mal wieder als Pohlmanns Geschäftspartner auftauchen!)

Herr Tews: Es wächst seit Jahren hier Mais drauf, obwohl der Kreis einen Wiederaufforstungszwang über dieses Land gelegt hat. Wenn im Sommer die Stürme hier rübergehen, hast du richtige Sandwolken, da geht ja alles ab, der Boden wird ja nicht mehr gehalten. Die Wurzeln halten nichts mehr fest, alles trocknet aus, der Grundwasserspiegel senkt sich. Anton Pohlmann hat hier zwanzigjährige Kiefern abholzen lassen, hat sie niederbrennen lassen. Anschließend wurde Gülle aufgebracht und Mais angepflanzt.

(Während wir filmen, kommt ein Bauer vorbei, hört uns zu und sagt: Das ganze Holz mit der Säge abmachen und aufarbeiten, die ganzen zehn Hektar, das dauerte Anton zu lange. Das alles abzuforsten, das dauert ja ein halbes Jahr oder ein dreiviertel Jahr!... Zehn Hektar... so schnell geht das nicht!)

Herr Tews: Es wird immer wieder gemunkelt, daß Herr Pohlmann einige gute Beziehungen zu der Kreisverwaltung hat. Manchmal hat man den Eindruck, er feiert eine Party – und die Sache ist gegessen!

Offensichtlich vermögen weder Unmut der Bevölkerung noch juristische Anstrengungen, den egoistischen Interessen einzelner Bosse Einhalt zu gebieten. Drei Jahre lang kämpften Rat und

Futtermittelsilo in Engter am Mittellandkanal

Verwaltung, Polizei, Anlieger und Arbeiter von Nachbarbetrieben gegen die hemmungslose Umweltbelastung eines Pohlmann-Betriebes in Engter am Mittellandkanal. Die dort für 17 Millionen Mark 1980 errichtete Umschlagstation für Futtermittel, von weitem schon durch ihr riesiges Betonsilo erkennbar, hat der Stadt Bramsche im Landkreis Osnabrück, zu der Engter gehört, klar vor Augen geführt, daß sie gegenüber dem Agrarindustriellen machtlos, rechtlos, wehrlos ist.

Anton Pohlmann, immer bemüht, vom Futter bis zum Eiverkauf die ganze Produktionskette in der Hand zu haben, baute die Station am Mittellandkanal zum Entladen und Speichern von Futtermitteln in etwa zehn Kilometer Entfernung von seinem Stammsitz Nellinghof, um schnell und preisgünstig direkt von den Seehäfen (u. a. Rotterdam) Futternachschub für seine Legehennen zu erhalten. Die Stadt Bramsche, die als Osnabrücker Gemeinde nicht mehr zu Südoldenburg gehört, hatte keine Erfahrung, wie Pohlmann mit Gesetzen umgeht, und spürt seit drei Jahren die Folgen.

Von Anfang an wurden die Umweltschutzauflagen nicht eingehalten. Die zahlreichen Anzeigen, Beschwerden und Zeitungsartikel eines dreijährigen Kampfes gegen die dicken Dreckwolken aus Futtermittelstaub bilden, aufeinandergelegt, eine stattliche Broschüre. Bei den Dreharbeiten zeigten Vertreter der Stadt Bramsche uns die schriftlichen Zeugnisse ihrer vergeblichen Bemühungen.

Immer wieder lagert vor allem allerfeinster Tapioka-Staub auf Büschen, Bäumen, Häusern, Vorgärten, Autos und sämtlichen Straßen der Umgebung, wenn Schiffe für Pohlmann in Engter anlegen und entladen werden. Selbstverständlich gibt es in der ganzen Welt hervorragende technische Einrichtungen, mit denen man Futtermittel-Schiffe löschen kann, ohne die Umwelt mit Staub zuzudecken. Auch bei Pohlmann wurde irgendwann eine Absauganlage installiert.

Aus Kosten- oder aus Zeitgründen arbeitet aber vor allem ein in die Getreidemassen fallender und entsprechend staubender Greifer, wenn gelöscht werden muß, berichten Anwohner und Beobachter der Stadt. Wo die Lastwagen Futter aus dem Silo übernehmen, gebe es immer wieder dicke Staubwolken.

Wahrscheinlich nimmt jeder von uns an, daß die Behörden einer Stadt, unterstützt von der Bevölkerung und dem Rat, mit Gewerbeaufsichtsamt und der Bauaufsichtsbehörde im Rücken, in der Lage sind, innerhalb von drei Jahren mit dem Dreck eines einzelnen Agrarindustriellen fertig zu werden. Sie sind es nicht.

Drei Jahre lang klagen die Arbeiter eines nur hundert Meter entfernt liegenden Werkes über Husten und Heiserkeit, die Büroangestellten können die Fenster nicht öffnen. Auf der viel befahre-

nen Straße über den Kanal liegt oft millimeterdick der Tapioka-Staub, bei Regen entsteht Schmierseife auf der Fahrbahn. Eine Baumschule in der Nähe hat bemehlte Pflanzen.
Die Stadt Bramsche liegt dem Gewerbeaufsichtsamt in Osnabrück in den Ohren, das Gewerbeaufsichtsamt spricht gegenüber Journalisten der »Bramscher Nachrichten« auch offen von »Schweinerei« im Pohlmann-Betrieb – aber es ändert sich so gut wie nichts!
Wenn die Polizei oder Beobachter mit Kameras anrücken, hört der Mann im Kran vorübergehend mit der Arbeit auf. Trotzdem entstehen eine Menge beweiskräftiger Fotos. Ein CDU-Ratsmitglied fordert Aktivität des zuständigen Ministers, weil man »mit der Osnabrücker Gewerbeaufsicht seit längerem schlechte Erfahrungen« gemacht habe (Bramscher Nachrichten vom 9. 9. 1981).
Geschäftsführerin Mechthild Pohlmann, Ehefrau von Anton P., beruhigt und tröstet immer wieder ohne Scheu über ein Jahr lang: »In ein paar Wochen ist Schluß mit dem Staub!«, dann seien die notwendigen Anlagen installiert – in Wirklichkeit gewinnt der Betrieb Zeit und macht munter weiter.
Berge von Aktenordnern entstehen über den »Vorgang«. Ordnungsamt Bramsche und Polizei dokumentieren und verwalten auf Kosten des Steuerzahlers die Umweltsünden des Eierkönigs – es ändert sich nichts. Nichts für die Bramscher, die den Dreck aushalten, nichts für Pohlmann, der zunächst mit seiner Umschlagstation Geld verdient – zusätzlich noch durch die nicht gekauften und installierten Umweltschutzgeräte!
Juni 1982 – Verfahren beim Amtsgericht Bersenbrück, Klägerin die AMO (das Asphalt-Werk in der Nähe der Station, dessen Arbeiter husten und sich krank fühlen). Urteil: Pohlmann soll die Staubentwicklung so eindämmen, daß das Betriebsgelände der AMO nicht mehr belastet wird. Bei Nichtbeachten soll es 50000 Mark Ordnungsgeld geben. Das Gewerbeaufsichtsamt erläßt Anordnung, den Betrieb sofort stillzulegen, wenn wieder zuviel Staub auftritt.
In Wirklichkeit passiert soviel wie gar nichts. Nur Anton Pohlmann bringt eine echte Neuigkeit ins Spiel! Er gibt bekannt, daß er einen Bauantrag stellen will, ein weiteres, etwa genauso gro-

ßes Silo wie das bereits stehende zu errichten, um die Kapazität zu verdoppeln. Ihm scheint es in Engter gut zu gefallen.
Januar 1983 wird ein Prozeß beim Amtsgericht Bersenbrück ausgesetzt und vertagt, in dem die Staatsanwaltschaft der geschäftsführenden Pohlmann-Ehefrau vorgeworfen hatte, im Hafen Engter extreme Staubentwicklung zu verursachen und gegen die Auflagen des Gewerbeaufsichtsamtes zu verstoßen. Verschiedene Strafanzeigen der Polizei und Ordnungswidrigkeitsanzeigen waren die Basis des Verfahrens. Vor allem hatten die Agrarindustriellen die Anordnung des Gewerbeaufsichtsamtes, vorübergehend den Betrieb stillzulegen, häufig einfach nicht befolgt!
Für jeden kleinen Bürger wäre an dieser Stelle wohl das Maß voll gewesen.
Familie Pohlmann, wieder einmal durch den ebenso tüchtigen wie witzigen Oldenburger Rechtsanwalt Weigmann unterstützt, gewann das Rennen, denn nur als Gewinn läßt sich die Vertagung in Bersenbrück praktisch bewerten. Rechtsanwalt Weigmann schmückte die Stunden vor dem Amtsgericht mit einem seiner Bonmots: Die Geschäftsführerin Mechthild Pohlmann arbeite vorwiegend in Nellinghof und »sehe den Betrieb in Engter praktisch gar nicht!« (Bramscher Nachrichten vom 14. 1. 1983)
Als gute Hausfrau, die sie sein soll, hätte sie sich sonst sicher längst über den vielen Staub in Engter hergemacht, oder was meinte Weigmann?
Also: Das Gericht in Bersenbrück dachte, es sei doch wohl besser, erst einmal richtige Gutachter einzuschalten, um zu klären, ob das, was die Bramscher Polizei, die Bürger und letzten Endes sogar das Gewerbeaufsichtsamt in Osnabrück haarsträubend finden, auch wirklich haarsträubend ist.
Juli 1983: Schöffengericht Bersenbrück stellt das Verfahren ein, da zwei Gutachten keinen endgültigen Aufschluß darüber gegeben hätten, ob die Staubimmission schädlich für Menschen und Pflanzen sei ... Die Gutachten reichten möglicherweise nicht aus für eine Verurteilung ...
Man einigte sich auf eine kleine Geldbuße. Mechthild Pohlmann zahlte 5000 Mark an die Landeskasse und 10000 Mark an einen Umweltschutzverein. Mit dem Besitzer der Baumschule hatten

sich die Pohlmanns vorher schon privat geeinigt, von dieser Seite ist vorläufig auch keine Klage zu erwarten...
Als wir Pohlmanns Geschäftstechniken durchleuchteten, trafen wir uns am Hafen in Engter mit dem Leiter des Bramscher Ordnungsamtes, Herrn Grun, mit dem Leiter des Bauamts, Herrn Held, und dem Ortsratsmitglied Herrn Meyer. Zwei Monate nach dem eingestellten Verfahren zeigten die drei uns den immer noch vorhandenen Staub. In einem Gespräch, von dem wir Auszüge veröffentlichen, sprechen sie über den vergeblichen Kampf, ihre Erkenntnisse und ihre Gefühle im Dschungel der Agrarindustrie:

Ordnungsamtsleiter Grun: Für uns ist die Situation ja genauso unbefriedigend wie für die Bürger auch. Die rufen bei uns an... wir können immer nur die Beschwerden weitergeben an das zuständige Amt, aber eine Rückkoppelung, die geschieht an sich sehr selten. Wir hören kaum, ob sich denn da nun was getan hat, ob hier den Beschwerden nachgegangen und ob hier Abhilfe geschaffen wird.

Bauamtsleiter Held: Ja, man merkt es auch hier an den betroffenen Bürgern... dort hinten diese Streusiedlung, dort melden sich kaum noch Leute, weil die einfach deprimiert sind. Die sagen, wir können doch nichts machen. Wenn... dann müssen wir uns einen Anwalt nehmen, und das kann also niemand bezahlen. Die haben schon resigniert. Ich persönlich bin insofern auch etwas betroffen, weil ich von hier aus in Luftlinie etwa achthundert Meter entfernt wohne. Herr Meyer ebenfalls. Kommt der Wind von Osten, dann hört man ständig das Löschen. Das Interessante ist ja, daß der die ganze Nacht durch löschen kann! Der braucht ja nicht um zehn Uhr aufhören. Der kann rund um die Uhr löschen!

Ortsratsmitglied Meyer: Man wird angesprochen von Bürgern, und wenn wir dann sagen, da können wir als Stadt nichts machen... nur weiter leiden, dann schütteln die ganz unverständig mit dem Kopf... daß eben so manch einer tun und lassen kann, was er will, ohne daß das Gewerbeaufsichtsamt etwas macht.

Herr Held: Da macht man sich Gedanken und weist ein Gewerbe- und Industriegebiet aus, und dann kommt so eine Enttäuschung! Und die Politiker haben es dann ja auch schwer, weil sie ja auch angeschossen werden von der Bevölkerung ... wie könnt ihr überhaupt die Voraussetzungen schaffen, daß ihr euch so was herholt? Das ist auch diese große Enttäuschung!

Herr Grun: Die Stadt Bramsche selbst kann sich gegen diese Immissionen nicht wehren, wir sind gezwungen, das an das zuständige Gewerbeaufsichtsamt weiterzugeben.

Herr Held: Wir wünschten uns eigentlich, daß das Gewerbeaufsichtsamt die Maßnahmen, die sie auferlegt, die in der Genehmigung festgehalten sind, daß die auch eingehalten werden! Da liegt das Dilemma, daß das zu lasch gehandhabt wird.

Frage: Hat er Rückendeckung bei den Politikern, in den oberen Behörden?

Herr Held: Also, ich glaube, eine Lobby hat der Pohlmann schon, zumindest bei den CDU-Leuten. Ich darf nämlich sagen, daß zu der Zeit, als diese Planungsphase hier begann – 1977/78 – ich dienstlich sehr viel mit ihm zu tun hatte, und daß er mir dann auch sagte ... ja, wissen Sie, wenn hier auf Landesebene irgendwas zu regeln ist ... ich hab' einen persönlichen Freund, das ist also der Herr Glup. Sie brauchen mir nur einen Tip geben ... dann schalt' ich den mal ein! Wobei wir ihm natürlich dann gesagt haben, das ist nicht notwendig ... die Entscheidungen, die wir hier vor Ort zu treffen haben, können wir selbst fällen! Aber ... das glaub' ich schon, daß er also einen wahnsinnig mächtigen Arm hat ...

Wir: Herr Glup ist der ...

Herr Held: Der zuständige Landwirtschaftsminister in Niedersachsen.

150000 Liter Urin täglich – in einem Betrieb

Die ersten, die sich gegen die Machenschaften der Großen und auch Kleinen zur Wehr setzten, waren die Umweltschützer. Sie mochten nicht weiter mit ansehen, wie die Landschaft zerstört wird, Tiere und Pflanzen aussterben, das ökologische Gleichgewicht durcheinandergebracht wird, Fleisch und Eier gefährliche Schadstoffe aufnehmen und die Gesundheit der Verbraucher gefährdet wird. Und das alles nur wegen des Profits.

In einem längeren Gespräch hat uns Dr. Akkermann, der Vorsitzende der 1976 gegründeten Biologischen Schutzgemeinschaft Hunte-Weser-Ems (BSH), die Problematik aus seiner Sicht geschildert. Er ist Biologe an der Universität Osnabrück, Abteilung Vechta.
3000 ehrenamtliche Mitglieder hat die BSH inzwischen, und immer mehr Bürger wehren sich gegen die Folgen der Massentierhaltung. Die Biologen und die Fachleute des Landschaftsschutzes wollen die Bauern nicht verteufeln! – Sie bekämpfen die großen Sünder und beklagen die Blindheit der Politiker.
Im gesamten Weser-Ems-Gebiet kümmern sie sich um den Schutz der Moore, machen sie Untersuchungen zum Waldsterben und zur Wasserverschmutzung, kämpfen sie für Boden- und Gehölzschutz. Im Landkreis Vechta bemühen sie sich um die Bauern. Ihnen wollen sie klarmachen, was für Folgen ihr Veredelungstreiben auf Dauer hat.

Dr. Akkermann: »Dieses Zentrum der Veredelungswirtschaft, also Cloppenburg und Vechta, Südoldenburg mit anderen Worten, ist eines unserer Hauptaktionsgebiete. Die Gülle fällt in diesem Gebiet in riesiger Menge an, teilweise bedingt dadurch, daß sich die Bevölkerung sehr stark von Fleisch ernährt. Wer nachts um zwölf noch sein Hähnchen braucht, der muß damit rechnen, daß die Hähnchen vor seiner Haustür aufgezogen werden. Der große Anfall von Mist ist dann eben irgendwo unterzubringen.

Kamera auf Güllekanone – Dreharbeiten für »Und ewig stinken die Felder«

Und das ist unser Hauptproblem, mit dem wir uns auseinandersetzen.

Frage: Wieviel Gülle fällt pro Tag oder pro Jahr eigentlich an? Gibt es Zahlen?

Dr. Akkermann: Da gibt es sicherlich Zahlen, die aber ebenso sicher nicht richtig sind, weil man gar nicht weiß, wie viele Tiere dort wirklich sterben. Die Zahlen beruhen nämlich auf Eigenangaben der Landwirte! Wir schätzen, daß im Landkreis Vechta, auf 800 Quadratkilometer Fläche – das sind ungefähr 30 mal 20 km –, daß auf dieser kleinen Fläche etwa 20 Millionen Kreaturen stehen. Und wenn Sie eine Legehenne nehmen, die ja einen hohen Stoffumsatz hat, um die Eiproduktion zu bewältigen, die hat eine Kotausscheidung von 90 bis 100 g am Tag. Oder anschaulicher: Ein Schwein hat eine tägliche Urinausscheidung von – im Schnitt 10 l. Es gibt nun Betriebe, die haben durchaus 15000 Schweine in ihren Mauern.

So ein »Familienbetrieb«, in dem vielleicht acht Mann arbeiten, muß nun dafür sorgen, daß 150000 l Urin täglich weggeschafft werden. Da können Sie sich unschwer ausrechnen, was sich hinter dem sonnigen Ausdruck »Veredelungswirtschaft« verbirgt.
Diese Düngermengen, die teilweise auch als »Gold für den Acker« beschrieben worden sind – was ich bei der Dimension, die hier im Gespräch ist, für absolut unverantwortlich halte –, leiten sich ab von Futterimporten. Das heißt, über Hunderte von Kilometern rollen die Lastwagen nach Vechta. Dort wird umgeladen, noch mal umgeladen, es wird an die Höfe verteilt und dann verfüttert.
Diese Futtermittel, die in Argentinien oder sonst irgendwo auf der Welt produziert werden, müssen gegen Insekten geschützt werden. Da müssen Biozide gespritzt werden, damit der Befall möglichst gering gehalten wird und eine hohe Produktivität garantiert ist.

Frage: Inwieweit hat denn Insektenbekämpfung in Argentinien etwas mit den Problemen im Landkreis Vechta zu tun?

Dr. Akkermann: Womit wird oft gespritzt? – Mit kupferhaltigen Mitteln! Und dieses Kupfer wird nicht abgewaschen, es bleibt in den Futtermitteln und wird hierher importiert. Und nun gibt es das Problem, daß das Kupfer aus Argentinien, hergestellt möglicherweise in Leverkusen, sich in Vechta im Boden summiert. – Keiner sollte es glauben, daß Ex- und Import so nahe beieinander liegen, aber jetzt hat man, sozusagen aus dritter Hand, noch das Kupferproblem, das zumindest da zu befürchten ist, wo nicht normal gedüngt wird.

Frage: Wie sehen Sie das Problem Nitrat und Kupfer? Kann es sein, daß die Kupferanreicherung auf Dauer gefährlicher wird, als es das Nitratproblem zur Zeit schon ist?

Dr. Akkermann: Das halte ich für schwerwiegender! Denn wenn Sie Schwermetalle aller Art im Boden haben, deren Wanderungsgeschwindigkeit in Richtung Grundwasser möglicherweise gering ist – was sich also mehr an der Oberfläche des Bodens kreislaufartig wieder in Futtermittel oder andere angebaute Pflanzen bewegt –, dann ist das für die Ernährung sicher weniger angenehm, als wenn Sie im Trinkwasser Nitrat vorfinden. Dabei darf man natürlich Nitrat nicht verharmlosen, bei Nitratwerten, die sich an vielen Stellen auf weit über das Doppelte des maximal zulässigen Wertes (50 mg) belaufen. Wir kennen einen Brunnen, da gibt es 1000 mg Nitrat.

Frage: Was macht der Besitzer mit diesem Brunnen?

Dr. Akkermann: Der muß entweder still sein, wenn er kein Geld hat, oder aber er meldet es. Und dann wird er sofort verdonnert, den Brunnen zu schließen. Wo er dann sein Trinkwasser herkriegt, ist seine Sache. Das haben wir vor zwei Jahren hier in einer Siedlung erlebt. Da wurden die Brunnen zugemacht, und die Leute mußten mit großen Wasserballons am nächsten Hydranten Wasser holen. Jetzt wird eine Trinkwasserleitung gebaut. Aber die kostet auch 20000 Mark, was auf die angeschlossenen... höchstens zehn Familien umgerechnet wird. Die müssen unter Umständen Kredit aufnehmen, nur weil mit der Gülle – ohne irgendein Verschulden der Wasserverbraucher – Nitrat in das Grundwasser gelangt ist.

Frage: Was gehört neben der Güllebeseitigung noch zu den Hauptkritikpunkten der Biologischen Schutzgemeinschaft?

Dr. Akkermann: Es kommt noch eine fatale Entwicklung hinzu. Man bemüht sich, möglichst effektiv, bei geringem Flächenanspruch, die Gülle unterzubringen. Das heißt, es wird sehr viel Gülle auf den Boden aufgefahren, und man sucht sich dann als Kulturpflanzen möglichst solche aus, die die Gülle gut umsetzen können, die möglichst viel schlucken und in Gewebe umsetzen. – Und da ist eine wunderbare Gabe der Mais!
Der Mais ist aber eben deswegen fatal, weil Mais auch ohne Fruchtwechsel wächst. Wir haben hier Gemeinden, deren Anbauflächen bestehen zu 70% aus Mais. Da ist kein Getreide mehr zu finden, keine Rübe. Jahr für Jahr nur Mais. Sie fahren da durch eine Maiswüste, deren Boden verkümmert, weil auf man-

Gülleseen…

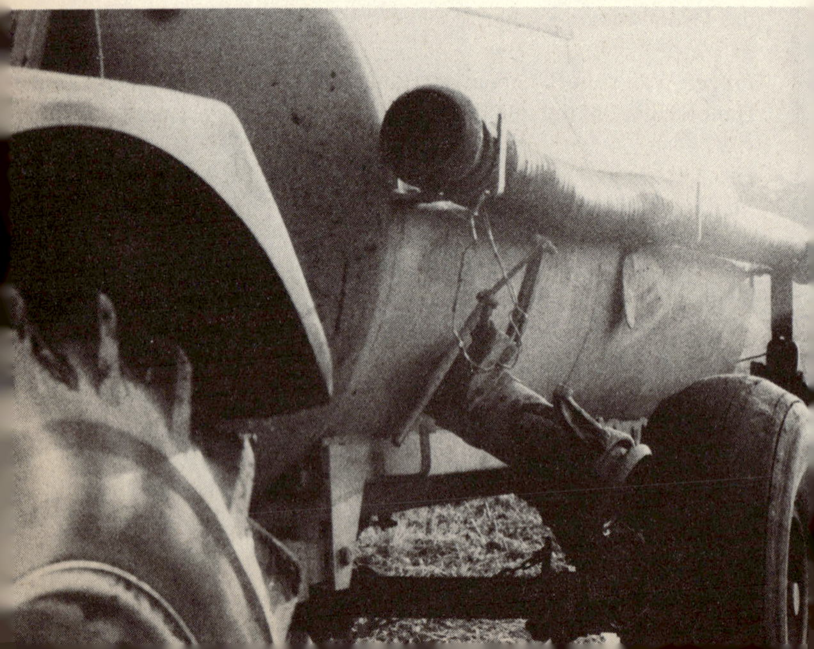

…Gold für den Acker?

chen Feldern z. B. seit fünfzehn Jahren nur Mais angebaut wird, ohne Fruchtwechsel, und das hält kein Boden aus. Das widerspricht jeder Bodenbewirtschaftung. Die biologischen Probleme häufen sich da zunehmend.
Die Bauern meinen, der Indikator, die Zeigerpflanze, die die Güte des Bodens anzeigt, das sei der Mais.
Der Mais ist aber dermaßen resistent und wuchsfreudig und vital, daß er alles hinter sich läßt. Alle anderen Pflanzen wären schon lange tot, sind vielfach schon abgestorben, gar nicht mehr wuchsfähig. Es kommt da zu Verkrümmungen, zu Keimungsstopp und ähnlichem.
Aber der Mais macht es! So, daß der Mais für uns Biologen eine hoch gefährliche Pflanze ist, die das Gefühl des Bauern für die Bodengüte verblassen läßt. Wenn das nicht klar wird, ist das ein Selbstmordprogramm.
Der Fehler liegt auch oft daran, daß die Landwirtschaftlichen Untersuchungs- und Forschungsanstalten (LUFAs) ihre Bodenproben nur nach dem Mineralgehalt beurteilen. Und wenn Sie den Boden nach Mineralien durchsehen, können Sie sagen – okay, zu wenig Phosphat oder zu wenig Kalk! Und dann muß dies und jenes nachgereicht werden. Nur, wenn eine LUFA-Analyse beherzigt wird, bedeutet das noch lange nicht, daß das bekömmlich ist für die Bodenorganismen!
Man weiß also weder, was die Bakterien dazu sagen, noch, was viel wichtiger ist, was alle diejenigen Tiere dazu sagen, die zwischen Regenwurm- und Bakteriengröße auftreten. Und das sind Millionen von Milben und Springschwänzen und diversen Kleinstorganismen – Ur-Insekten und ähnlichem – die dort im Boden eine Lebensgemeinschaft bilden. Gerade Bodenkundler sollten wissen, daß die Bodengare ein hochgradig biologisches Phänomen ist.

Frage: Bodengare?

Dr. Akkermann: Das ist die Umsetzung von, sagen wir mal, Laubresten und Pflanzenabfällen in von Pflanzen verfügbare, über die Wurzeln aufnehmbare Grundstoffe. Andere nennen das Mineralisierung, da abgebaut wird bis runter auf eine Stufe, wo

fügbare, über die Wurzeln aufnehmbare Grundstoffe. Andere nennen das Mineralisierung, da abgebaut wird bis runter auf eine Stufe, wo die Pflanzenwurzeln in der Lage sind, diese Nährstoffe wieder aufzunehmen.
Von Bedeutung sind dabei Krümelstruktur, Fasergehalt und biologische Aktivität. Diese wird durch eine intakte Mikroflora und Mesofauna erbracht. Sie muß in einem ausgewogenen Verhältnis vorhanden sein. Die Menge ist nicht entscheidend, sondern die Artenvielfalt im Boden! Man kann also nicht hingehen und sagen... ich zähle mal eben die Regenwürmer... Alles klar – Regenwürmer sind vorhanden! Dabei übersieht man, daß von zehn Regenwurmarten neun möglicherweise gar nicht mehr da sind und nur noch eine kampfkräftige Form in Massenvermehrung übergegangen ist! Da darf man sich nicht täuschen lassen.
Deshalb sagen wir von der Biologischen Schutzgemeinschaft, es ist dringend an der Zeit, daß sich mehr »unabhängige« Forschungsinstitute mit Bodenbiologie beschäftigen, denn die Landwirtschaftlichen Untersuchungs- und Forschungsanstalten sind in unseren Augen nicht so ganz unabhängig – weil die LUFAs letztlich von Landwirten geleitet werden.
Die LUFAs führen gerade in der letzten Zeit heftige Kampagnen auf allen Ebenen gegen den biologischen Anbau durch. Es wird Furore gemacht gegen den Bio-Landbau mit sehr strittigen Untersuchungen. Der Präsident der Vereinigten Deutschen LUFAs sagt dann auch noch – ich zitiere ihn – »damit allemal Schluß ist mit dem Gerede vom Bio-Landbau« oder »Kräutle und Käferle können wir uns heute nicht mehr leisten, wir brauchen gute Erträge«.

Frage: Es ist also auch eine ideologische Auseinandersetzung?

Dr. Akkermann: Wenn Sie durch eine Gegend wie Vechta fahren, dann ist es auch ein moralisches oder ethisches Problem, inwieweit Sie so etwas verkraften können.
Wenn Sie sich das einmal vorstellen: Millionen von Tieren! Zu viert dürften sie eigentlich nur in einem Käfig sein... in einigen Ställen sollen fünf bis sieben vegetieren... Bei einer solch quälerischen Tierhaltung fragt man sich doch, was das eigentlich für eine skrupellose Menschheit ist.

Federn haben die nicht mehr...

Wie es in den Fabrikationsstätten unserer Nahrungsmittel aussieht, weiß kaum jemand von den Millionen Essern dieser Produkte. Seit einigen Jahren hat die Kritik – vor allem gegen die Eier- und Fleischerzeuger – so zugenommen, daß kein Agrarindustrieller mehr so dumm ist, Fremde in seine Hallen zu lassen. Solche Visiten hätten ausgesprochen geschäftsschädigende Folgen.
Gelegentlich ermöglichen Bauern Besuchern den Zutritt zu ihren Ställen. Immer, wenn man bei Landwirten in den Stall eingeladen wird, stellt man fest, daß er nicht ohne Grund großzügig verfährt. In solchen Fällen sahen wir, daß die Tiere besser untergebracht waren als bei den Agrarindustriellen, daß also Landwirte gegenüber den Methoden der Tierfabriken um so viel besser abschneiden, daß für sie eine Führung durch ihre Ställe immer noch vorteilhaft ist.
Auch in der bäuerlichen Tierhaltung stimmen die Realitäten nicht exakt mit dem Tierschutzgesetz überein. Aber einem Huhn, Schwein oder Kalb ergeht es bei Familien, die seit Jahrhunderten mit Vieh zu tun haben, besser als in den Hallen der Industrie, in denen Arbeiter ihr Funktionieren überwachen.
Landwirte haben in der Regel keine übertrieben sentimentale Einstellung gegenüber Nutztieren. Was falsch ist, was die Jahrtausende alte Beziehung zwischen Menschen und Kreaturen total ins Mißverhältnis verschiebt, merken sie jedoch deutlich. In Südoldenburg haben schon die Kinder aus bäuerlichen Familien häufig Kontakt mit der modernen Nahrungsproduktion. Sie sehen Bilder, die kein Verbraucher kennt.
Fast täglich besucht ein Jugendlicher, den wir bei unseren Filmaufnahmen treffen, Hühnerfarmen, wenn zu bestimmten Zeiten des Jahres in seinem Ausbildungsbetrieb Hühnergülle für die Felder gebraucht wird.
Vor allem auf einer Pohlmann-Farm hat er sich umgesehen. Er berichtet uns darüber vor der Kamera. Beim Ausbrüten der

»…und dann kommen die in den Container!«

Eier, bei der Kükenerzeugung, gibt es immer wieder Tiere, die es nicht schaffen, mit der ganzen Bruteier-Partie gleichzeitig zu schlüpfen. Sie fliegen in den Kübel. –

Schilderung des Lehrlings:

Wenn du den Deckel aufmachst und siehst die Küken da... eine Schweinerei! Du machst den Deckel auf... und siehst die zu spät geschlüpften Küken... Die Küken, die nicht rechtzeitig geschlüpft sind, kommen in den Container... Dann schlüpfen die Küken eben in der Tonne. Und so verrecken sie da! Das ist die größte Schweinerei, die es gibt!

Über seine Eindrücke in einer Käfighalle:

Wenn du mitten drin stehst, dann bist du froh, wenn du das Ende noch siehst.
Wir waren hinten mal drin, da haben sie gewaschen, und da sind wir mal durchgegangen. Und bist du mittendrin, dann siehst du... da 'ne kleine Tür, da 'ne kleine Tür... dann kriegst du Angst, da kriegste Schiß bei! – Rechts und links, weißt du, da sind die Güllekanäle... Da denkste, o Mann, hoffentlich fällst du da nicht rein... Die alten Käfige... die Hühner gackern dir die Ohren voll... und... in diesen Ställen brennt ja immer 'n Licht. Ach... fürchterlich... da kriegste Schiß bei...

Frage: Wie sehen die Hühner denn aus?

Kahl! Also, Federn haben die nicht mehr. Also, wie ein normales Landhuhn nicht mehr! Das sind Hühner – ich weiß nicht – ich will ja jetzt nicht Gerüchte verbreiten, aber, soviel ich weiß, sind da Käfige für fünf, wo sieben drin sind... und solche Scherze! Aber, da kräht ja keiner nach. Die Hühner sehen aus... Mager, schmal! – Fressen, scheißen, setzen ihr Ei da hin... tja... und keine Federn!
Heute morgen war auch der Wagen da, der die kaputten Hennen rausholt. Der Kadaverwagen, der kommt so alle zwei Tage... übermorgen wieder.

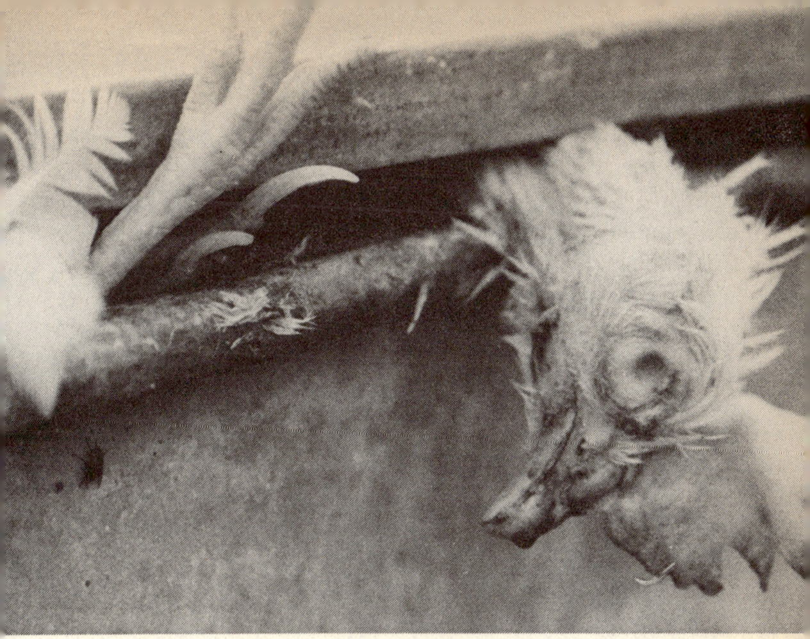

Käfighühner – vorzeitiger Rückzug aus dem Produktionsprozeß

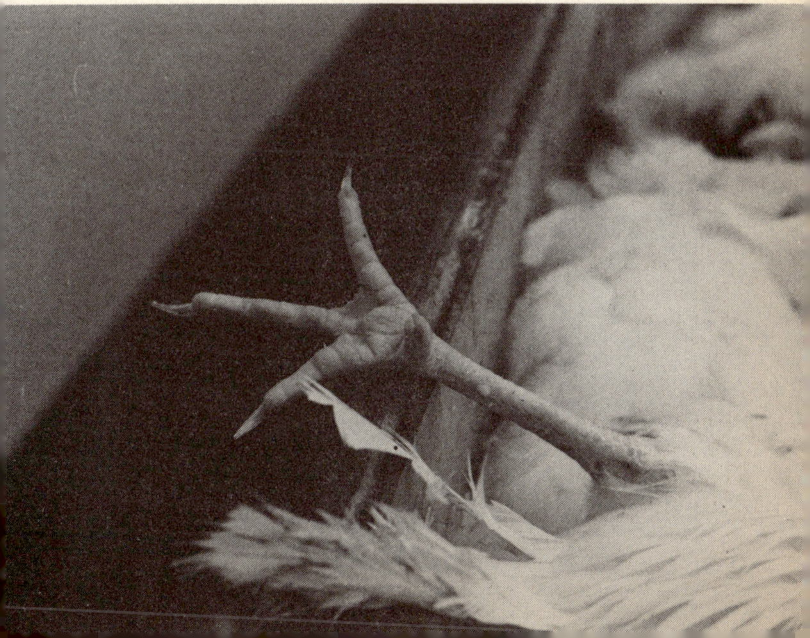

Frage: Wie viele holt er denn hier raus?

Das ist verschieden. Heute morgen hab' ich selber noch geguckt... wieviel waren da drin?... Zwanzig Stück?... Also, das ist happig! Da geht ja jeden Tag einer durch, weißt du, der sucht die dann da raus, die Viecher... und dann kommen die in den Container...

Der erste Käfig kam aus Japan

Die 15 Millionen Hühner von Südoldenburg wären wohl nie zusammen gekommen, wenn nicht jemand die Käfige für die Batteriehaltung erfunden hätte. 1960 wurden Legehennen fast ausschließlich auf Tief- oder Dauerstreu, auf dem Boden von großen Hallen gehalten. Sie konnten sich in diesen Hallen frei bewegen, hatten aber keinen Auslauf ins Freie, wenn es sich um Eierproduktion größeren Umfangs handelte. Frei laufende Hennen waren schon damals nicht mehr allgemein die Regel.

Professor Windhorst, auch hier wieder eine gute Quelle, schreibt in seinem Buch »Spezialisierte Agrarwirtschaft in Südoldenburg«, daß die Käfige – kombiniert mit Futterketten, automatischen Tränken, Eiersammelbändern und Kotschiebern –, die Legehennenhaltung fast vollständig automatisierten und daß die ersten Metallkäfige aus Japan 1963 nach Südoldenburg gelangten. Dann entwickelte die Firma Big Dutchman in Calveslage eigene Käfige, seit etwa 1964 auf dem Markt.

Der Erfolg war groß. Als die Hennen in großen Stallräumen auf dem Boden lebten, brachten die Farmbetreiber fast die Hälfte der gesamten Arbeitszeit beim Eiersammeln und Füttern zu.

Die Hühner in Käfiganlagen picken ihr Futter von Bändern, die vor dem Schnabel vorbeifahren. Ihre Eier rollen über die schrägen Drahtflächen, auf denen die Tiere stehen müssen, nach vorne in eine Auffangrinne.

Die Hennenhalter begriffen den Segen des Käfigs – für die Finanzen – sofort. Je größer der Bestand – diese Erkenntnis kam noch hinzu – desto kleiner wird der Arbeitsaufwand pro Tier! Das heißt: Dieselben Arbeiter (mit denselben Lohnkosten!), die bisher ein paar tausend Tiere betreuen, schaffen mit der neuen Technik auch Zigtausende. Das bringt Geld!

Und weil dem menschlichen Geist viel einfällt, wenn es ums Verdienen geht, wurden die Ställe auch noch in der Höhe genutzt: Man baute die Käfige in mehreren Etagen übereinander – bis zu fünf Stockwerken hoch: die Käfigbatterie. Statt vier bis sechs

Hennen auf einem Quadratmeter Stallfläche gab es jetzt auf demselben Quadratmeter bis zu zweiunddreißig. Statt einer Arbeitskraft für 9000 Hennen im Jahr (1965) – bewältigen heute etwa sechs Leute eine Farm mit einer halben Million!
Seit die Legehennen in Käfigen sitzen, kämpfen Tier- und Naturschützer gegen diese Haltung. Bis heute haben sie nichts ausgerichtet. Nicht einmal, daß dem Verbraucher die Herkunft der Eier auf den Packungen bekanntgegeben wird! Im Gegenteil: Die Kartons der Eier von Käfighühnern werden besonders gern mit Fachwerkhäusern, Wiesen und im Gras pickenden Hühnern verschönert.

Hühner-Gespenster nachts in Holdorf

Wir waren zum letzten Mal vor vier Jahren in einer Halle mit Käfighaltung. Schon damals bekamen wir die Dreh-Erlaubnis nur durch die Vermittlung einiger Wissenschaftler. Hühnerforscher, die gute Verbindungen zu Landwirtschaftsschulen (Schweiz) und Hennenhaltern (Baden-Württemberg) hatten und für uns bürgten, daß wir keine Einzelfälle anprangern, sondern »irgendwelche« Käfigbatterien zeigen wollten.
In Südoldenburg schafft es kein Filmteam, Hühnerställe zu filmen, schon lange nicht mehr. Da überall die Bevölkerung sensibler geworden ist, ersparen ihr die Eierfabrikanten den Anblick der Legehennen. Wenn die Tiere nicht mehr genug Eier bringen und ausgewechselt werden, muß man sie allerdings herausholen aus den Käfigen. Diese kritische Phase verlegen die Agrarindustriellen seit Jahren in die Nacht.
An einem Sonntagabend sitzen wir mit Freunden aus der Gegend in einem Restaurant in Vechta. Wir hatten tagsüber einen Hinweis bekommen, daß in Holdorf, bei den Ställen von Anton Pohlmann, am nächsten Morgen »ausgestallt« werden soll. Glücklicherweise wohnen wir in einem weiter weg liegenden Hotel, etwa 30 km. Auf der Rückfahrt, während wir überlegen, wie früh wir wohl am nächsten Morgen beim Stall sein müssen, haben wir die Eingebung – jetzt – sofort – dorthin zu fahren. Ein blitzartiger Einfall... Vielleicht machen die das nachts... Vielleicht war der Tip »vom nächsten Morgen« falsch?...
Es stimmt. Von weitem sehen wir die Lastwagen vor den Hallen. Wir stellen den Motor ab, machen die Fenster auf. Über die nächtlichen Felder hören wir entsetzliche Geräusche. Schreie. Eigentlich gar keine Hühnerlaute. Eher wie Katzenwimmern. Unsere Kollegen, die den ganzen Tag mit uns gearbeitet haben, sind seit einer halben Stunde im Hotel. Halb schon im Bett, als wir sie von der nächsten Telefonzelle anrufen. Wir brauchen nicht lange zu erklären, was los ist. Wir sagen: Die sind am Ausstallen!... »Wir kommen sofort!«

Kameramann, Assistent, Beleuchter und Toningenieur setzen sich ins Auto.
Als sie eintreffen, sind einige Lastwagen schon weg. Zum Glück! Wer weiß, ob mehrere Fahrer uns nicht doch gestoppt hätten. Ein großer Lastwagen steht noch vor der einen Hallentür.
Wir fahren ohne Licht heran, machen die Kamera und das Tongerät klar, packen die Handlampe mit Akku, gehen los, machen Licht und drehen.
Die Kolonne – vom Stallinnern bis zum Laster in einer Reihe – immer ein, zwei Meter Abstand zueinander – reicht sich die zerfledderten Tiere zu. – Gespenster, kein Federvieh. – Wie Lappen. In jeder Hand fünf, sechs auf einmal. An den Krallen hängend, mit den Köpfen nach unten.
Einer steht auf dem Laster, nimmt die schreienden, krächzenden, zischenden Bündel entgegen. Stopft diese irgendwie noch lebendigen Gegenstände in Kästen aus Plastikrippen.
Sechzehn, achtzehn Stück in eine Kiste ... »Bei kühler Witterung können da ruhig ein paar mehr rein, dann frieren die nicht!« ... »Wegen fünf Käfigen, die nicht mehr leergemacht werden können, kann der Laster ja nicht noch mal extra fahren!« ...
Der ganze Laderaum voller aufeinander gestapelter randalierender Tiere. Die Ohren haben das Geräusch noch nach Wochen und Monaten gespeichert. Jeder von uns kann sich in jeder Sekunde sofort daran erinnern.
Die Kolonne ist so überrascht, daß sie nichts gegen uns unternimmt. Außerdem befinden wir uns auf öffentlichem Gelände. Wahrscheinlich sind wir, als kleiner Trupp mit Kamera, Mikrophon und Leuchte, stumm agierend – filmend, was uns vor die Augen kommt – für die Ausstaller fast ebenso schockierend wie sie für uns.
Wir würden gerne abhauen, wir haben die Nase voll. Gänsehaut am ganzen Körper. Und Wut. Ist das alles falsch, was man uns seit der Kindheit beigebracht hat? Ist das alles Lüge, was Generationen von Erwachsenen (in diesem Land meistens christliche Erwachsene) ihren Töchtern und Söhnen sagen? ... Daß man Tiere nicht quält, daß sie keine Sachen sind, daß der Mensch mit den Mitkreaturen respektvoll umgehen muß, da er doch sogar Ehrfurcht vor »dem täglichen Brot« zu empfinden hat?

Hühnerleben – Henne aus einer Käfighaltung

Vierzehn Monate haben die Hennen gelegt. Jetzt taugen sie nicht mehr viel. Die Laster fahren sie in die Schlachthöfe. Dort werden sie endlich krepieren.
Wir begegnen ihnen erst, wenn sie – appetitlich verpackt – mit angelegten Beinchen – in einem Plastikbeutel rosig vor uns in der Tiefkühltruhe liegen.
Leckere Suppenhühner, billig. Immer in gleicher »Qualität«.

Ei, ei, ei, wer forscht denn da?

Seit 1972 haben wir ein Tierschutzgesetz. Es wurde von allen Parteien im Deutschen Bundestag einstimmig angenommen. Im Tierschutzgesetz wird die Massentierhaltung, die industrielle Eier- und Fleischerzeugung nicht direkt und wörtlich angesprochen.

Das Gesetz ist aber »nach dem Willen des Gesetzgebers ethisch und damit sittlich ausgerichtet«. Zu diesem Schluß kommt der Verfassungsrechtler Professor Stober (Münster). Das Gesetz schreibt – in den für die Nutztiere wichtigen Passagen – angemessene artgemäße Nahrung und Pflege sowie verhaltensgerechte Unterbringung vor. Es verbietet, das artgemäße Bewegungsbedürfnis eines Tieres so einzuschränken, daß ihm vermeidbare Schmerzen, Leiden oder Schäden zugefügt werden!

Für den Bürger könnte an dieser Stelle der Eindruck entstehen, mit einem solchen Gesetzestext sei der Fall ja wohl klar. Dieser Eindruck ist falsch. Seit über fünfzehn Jahren beschäftigt die bundesrepublikanische Bürokratie Wissenschaftler mit der Untersuchung, ob die Käfighaltung gegen unser Tierschutzgesetz verstößt, ob die Legehennen in ihren Drahtgehäusen leiden.

Fünfzehn Jahre reden Beamte, Politiker, Wissenschaftler und Funktionäre der Geflügelwirtschaft den Bürgern der Bundesrepublik mit Erfolg ein, es sei leider völlig unklar, ob Käfighühner leiden. Man forsche aber – da man sich den eigenen Gesetzen verpflichtet fühle – unaufhörlich nach der Wahrheit.

Weil die Öffentlichkeit mit Vorbedacht über diese Vorgänge nur lückenhaft informiert wurde, wollen wir die Geschichte der Reihe nach erzählen und belegen. Sonst könnte passieren, daß die von uns so genannte »Verschwörung« weder verstanden noch geglaubt wird.

Nachdem das Bundes-Landwirtschaftsministerium jahrelang wegen seiner käfigfreundlichen Haltung gegenüber den kapitalstarken Eierproduzenten angegriffen und der Mißachtung des Tierschutzgesetzes beschuldigt wurde, nahmen die Stimmen zu,

die den Tierschutz ganz aus der Zuständigkeit des Landwirtschaftsministers herausnehmen wollten (dort befindet er sich witzigerweise!). Das Ministerium zeigte, daß es der Wahrheit und den Gesetzen dienen wollte. Es vergab einen Forschungsauftrag – für etwa drei Millionen Mark. Es war nicht der erste!
Das Institut für Kleintierzucht in Celle (gehört zur Bundesforschungsanstalt für Landwirtschaft (FAL) wurde als Forschungsort gewählt. Weil man dort schon immer gerne mit Argumenten der Wirtschaftlichkeit die Wissenschaft »bereicherte«, wurde eine begleitende Arbeitsgruppe von Wissenschaftlern ins Leben gerufen, in der vor allem Institutsfremde saßen und für Neutralität sorgen sollten.
Bei den Celler Untersuchungen waren die ethologischen Bestandteile besonders wichtig. Ethologie ist die Lehre vom Verhalten. Das Verhalten der Tiere und die wohl kaum verhaltensgerechten Käfige standen von Anfang an im Mittelpunkt des Interesses, weil das Tierschutzgesetz verhaltensgerechte Unterbringung verlangt!
Wenn also Celle – nun auch mit allem wissenschaftlichen Drum und Dran – bestätigen würde, was jeder Laie in einer Hühnerkäfighalle gleich herausbekommt, würde es mit der Käfighaltung aus und vorbei sein!
Die Forschung begann. In der Antragsbegründung für das Unternehmen stand als Ziel des wissenschaftlichen Bemühens: Es solle untersucht werden, ob gemäß § 2 des Tierschutzgesetzes das artgemäße Verhalten der Hennen in den intensiven Haltungssystemen verhaltensgerecht und ungestört ablaufen kann, das heißt, ob den Tieren im Sinne des Gesetzes Leiden oder Schäden zugefügt werden.
Das Celler Institut hat dann in dreijähriger Arbeit die aufwendigste Hühnerforschung aller Zeiten durchgeführt. Es entstand eine Sammlung genauer Daten über Hennen in Käfigen, auf Hallenböden (ganzjährige Stallhaltung auf Einstreu) und in der Natur (Auslaufhaltung). Die Ergebnisse wurden in einem 400 Seiten dicken Druckwerk niedergelegt (Sommer 1981).
Seit dieser Zeit ist es nicht gelungen, gegen die Interessen der Groß-Hühnerhalter, des Bundes-Landwirtschaftsministeriums und der Bundesforschungsanstalt für Landwirtschaft (mit seinem

Celler Institut) die tatsächlichen Forschungsergebnisse der Öffentlichkeit bekanntzugeben!
Vor allem bemühten sich jene Ethologen, die während der Forschung aus Protest die begleitende Arbeitsgruppe verlassen hatten, um echte Aufklärung und die Weitergabe der Information. Vergebens.
Der Hühner-Ethologe Brantas aus den Niederlanden, Dr. Glarita Martin aus Stuttgart und Professor Sambraus aus München, die schon bei ihrem Rücktritt die mangelnde Neutralität des Celler Instituts öffentlich angriffen, setzten sich – auch nach Ende der Celler Forschung – publizistisch nicht durch.
Niemand half ihnen. Bundes-Landwirtschaftsministerium, Geflügelwirtschaftsverband und Bundesforschungsanstalt (FAL) verkünden bis heute Teilwahrheiten über die Celler Forschung und damit – die Unwahrheit!
Als die dicke Celler Bibel im Sommer 81 vorgestellt wurde, bat die Bundesforschungsanstalt den Verhaltensforscher Prof. Dr. Tschanz aus Bern als neutralen nichtbeteiligten Wissenschaftler um eine zusammenfassende Beurteilung der Ergebnisse. In Celle trug er den versammelten Wissenschaftlern sein »Urteil« vor:

»Wenn wir alles zusammenfassen, so zeigen die Ergebnisse, daß für die Legehennen in den Batteriekäfigen die Bedarfsdeckung bei der Nahrungsaufnahme, beim Komfortverhalten, beim Reproduktionsverhalten und beim Schutzverhalten andauernd derart eingeschränkt ist, daß ihnen durch die Haltung im Sinne des Tierschutzgesetzes verstandenes Leiden zugefügt wird, und daß sie Schäden erleiden.«

Wie sehr die damals aus der begleitenden Arbeitsgruppe zurückgetretenen Ethologen die Interpretation von Tschanz für angemessen und fundiert hielten, begründete bald in einem Referat die Stuttgarter Wissenschaftlerin Dr. Martin.

Hier Auszüge:

Zu den ethologischen (verhaltenswissenschaftlichen) Ergebnissen:

1) Das Legeverhalten ist im Käfig weitgehend gestört. Die Käfighennen geraten in Legenot, da sie keinen geschützten Legeplatz zur Verfügung haben. In Legestimmung werden die Tiere sehr (und langanhaltend) unruhig und suchen nach einem geschützten Ort. Dabei werden die Käfiggefährten weggedrängt und gestoßen. Schutzsuchend drängt sich die legegestimmte Henne oft unter den Körper der anderen Hennen. In dieser ausweglosen Situation versuchen die Hennen, aus dem Käfig zu fliehen. (Im Versuch wurden beim Beobachten die Merkmale Drängeln, Fluchtversuche, Unterschlüpfen vergleichend in Auslaufboden- und Käfighaltung zahlenmäßig erfaßt.)

2) Das Komfortverhalten ist im Käfig weitgehend eingeschränkt. Flügelschlagen, Flügellüften (Thermoregulation), das Flügel-Beinstrecken sowie das Körperschütteln sind nicht bzw. nur in sehr geringem Umfang im Käfig möglich. (In Auslauf- und Bodenhaltung laufen diese Verhaltensweisen ungestört ab.)
Das Sandbaden ist mangels Objekt im Käfig nicht möglich. Der innere Drang (innere Bereitschaft) für diese Instinkthandlung ist aber so groß, daß sich die Tiere sichtbar abquälen und versuchen, den Drang an irgendeinem Ersatzobjekt (z. B. Futter) oder im Leerlauf – so gut es in der Enge auf dem Drahtboden geht – abzureagieren.

3) Auch das Ausruhverhalten ist bei Käfighennen beeinträchtigt, nicht nur, daß sie 15 Monate lang auf schrägem Drahtboden stehen müssen (nicht aufbaumen können, wie es ihnen angeboren ist). Sie können wesentlich weniger lange sitzend ruhen als die Tiere in Auslauf- und Bodenhaltung, sie müssen vermehrt stehend schlafen und ruhen.
Die Ruhestörung ist vor allem durch die Besatzdichte (auch durch den Drahtboden) bedingt: In der extremen Enge geraten zwangsweise alle Tiere in Bewegung, wenn nur eine Henne ihre Lage verändert.

4) Im Versuch wurde auch das gegenseitige Hacken (Picken) als aggressives Verhalten erfaßt. Es hat sich herausgestellt, daß sich die Hennen im Käfig weniger häufig hacken als in Boden- und Auslaufhaltung, wo die Tiere freie Bewegungsmöglichkeit haben.

Die Befürworter der Käfighaltung sehen in diesem Befund ein Argument für die Käfighaltung. Ist das berechtigt?

Normalerweise nahmen ja kämpferische Auseinandersetzungen mit abnehmender Distanz (und Raumangebot) zu. Und es scheint allen ethologischen Erfahrungen zu widersprechen, daß im Käfig weniger gehackt wird als in der Auslauf- und Bodenhaltung. Dafür gibt es aber eine einfache Erklärung: Die geringere Hackhäufigkeit im Käfig ist ein Ausdruck des »Supercrowding« (Brantas), des Zusammengepferchtseins. Die Tiere stehen ja derart eng beieinander, daß auch das aggressive Verhalten weitgehend verhindert wird! – Selbstverständlich kann dieses Resultat nicht dahingehend interpretiert werden, daß der Drang (Motivation) für dieses Verhalten in der Enge des Käfigs geringer und somit das Wohlbefinden größer ist. Die vermeintliche (relative) Verträglichkeit oder Friedfertigkeit ist unter diesen Lebensbedingungen ganz einfach erzwungen.
Man kommt gleich zu einem ganz anderen Ergebnis, wenn man – wie der Schweizer Ethologe Oester – z. B. nicht alle Hackstellen am Kamm registriert, sondern nur die schweren, die ja offensichtlich tierschutzrelevant sind. Diese sind nämlich in der Käfighaltung häufiger als in der Auslauf- und Bodenhaltung.

Es folgt eine Beurteilung der physiologischen und anatomischen Ergebnisse des Celler Projektes. Zum Abschluß des Referats kommt Frau Dr. Martin zu einer Zusammenfassung.
Dr. Martin:

1) Nahezu das gesamte Verhalten ist wegen der Strukturlosigkeit und Reizarmut des Käfigs, der Beschaffenheit des Käfigbodens und der hohen Besatzdichte so weitgehend gestört, daß die Bedarfsdeckung in den einzelnen Bereichen nicht möglich ist, und daß die Tiere im Sinne des Gesetzes leiden.

2) Die Ergebnisse aus dem physiologischen und morphologischen Bereich besagen, daß die Bewegungsmöglichkeit der Käfighennen derart eingeschränkt ist, daß vor allem folgende Schäden entstehen:

1. Brust- und Beinmuskulatur kann nicht normal und voll ausgebildet werden. (Inaktivitätsatrophie)
2. Blut und Muskulatur sind nicht genug mit Sauerstoff versorgt (Hypoxie), und der gesamte Energiestoffwechsel ist gedrosselt.
3. Der Knochenaufbau ist nicht in normaler Weise möglich.
4. Gefiederschäden sind weitaus größer als in anderen Haltungssystemen.
5. Verschiedene andere Organe (z. B. Nebenniere) sind verändert.

»Damit« – hier zitiere ich wieder Prof. Tschanz – »ist das Ungenügen der Umgebung eines Batteriekäfigs mit den Ergebnissen der in Celle durchgeführten Untersuchungen so eindeutig nachgewiesen, daß es keiner weiteren Erhebung bedarf, das Verbot dieses Haltungssystems zu begründen. Wenn die zuständigen Instanzen nicht bereit sind, den nun vorliegenden Befunden entsprechende Entscheide zu fällen, dann läßt sich das nicht mehr mit dem Fehlen von sachlichen Grundlagen begründen.«

Dies ist die Schlußfolgerung von Prof. Tschanz, der hier nicht seine Privatmeinung wiedergibt, wie schon oft behauptet wurde. Die gesamte Ethologische Gesellschaft deutet die Celler Ergebnisse in demselben Sinne!

Die Ethologische Gesellschaft ist der Zusammenschluß von Verhaltensforschern aus acht europäischen Ländern. Sie hat sich mehrmals hinter die Thesen von Tschanz gestellt.
In welchem Licht erscheint für jeden, der die Einzelheiten kennt, die offiziell als Schlußbericht und wichtigste Erkenntnis der Celler Forschung von Prof. Dr. Rose-Marie Wegner (Institutsleiterin) veröffentlichte Erklärung? –
Referat Frau Dr. Martin:

Frau Prof. Wegner faßt die Ergebnisse in folgender Weise zusammen …
»Aus diesen umfangreichen Untersuchungen ist festzustellen, daß bei Berücksichtigung aller Teilergebnisse aus den Bereichen Verhalten, Leistung und physiologisch-anatomischem Status bisher keines der überprüften drei Haltungssysteme als in jeder Beziehung optimal zu bezeichnen ist. Bei der Käfighaltung ergaben sich ökonomische und hygienische Vorteile, dagegen Nachteile im Verhaltensbereich.«

»Bei der Käfighaltung ergaben sich ökonomische und hygienische Vorteile«

Hierzu möchte ich noch folgende kritische Anmerkung machen:

1. Bei diesem Forschungsauftrag ging es nicht um die Frage, ob eines der drei untersuchten Haltungssysteme in jeder Beziehung optimal oder gar das wirtschaftlichste sei. Vielmehr ging es um die Frage der möglichen Verletzung des Tierschutzgesetzes (um Leiden und Schäden). Das Ergebnis ist, daß die Käfighaltung mit Abstand die meisten Mängel (für das Tier) aufweist und zwar Mängel, die systembedingt sind.

2. Die in der Bodenhaltung und Auslaufhaltung festgestellten vorwiegend hygienischen Nachteile (Verschmutzung der Eier/Parasiten) sind durch eine Verbesserung der Bedingungen jederzeit zu verhindern oder zu beheben (z. B. bessere Nester).

3. Wenn von ethologischer Seite ein Verstoß gegen das Gesetz festgestellt wird – das ist eindeutig der Fall –, dann kann dieser Tatbestand selbstverständlich nicht wegen ökonomischer Vorteile (ausschließlich Vorteile für den Menschen) aufgehoben werden.
Da Frau Prof. Wegner die Ergebnisse über Verhalten und Wirtschaftlichkeit in ihrer Darstellung nicht durchgängig sauber voneinander trennt und die Kardinalfrage (Tierschutzrelevanz/Leiden) gar nicht beantwortet, ist ihre Schlußfolgerung wissenschaftlich irrelevant und daher wertlos.

4. Im Gegensatz zu Frau Prof. Wegner ist Prof. Tschanz mit seiner Darstellung der Fragestellung des Projektes überhaupt erst gerecht geworden, indem er nämlich den für die Fragestellung relevanten (vor allem ethologischen) Teil herausgearbeitet hat.
Bedauerlicherweise hat das Bundes-Landwirtschaftsministerium die unhaltbare Zusammenfassung mit der Scheinbegründung von Frau Wegner kritiklos übernommen und den Länderregierungen sowie anderen Stellen zugeschickt und veröffentlicht – die Schlußfolgerung von Herrn Prof. Tschanz wurde diesen Kreisen vorenthalten. Auf Anfrage des MdB, Peter Conradi, hat die Regierung die Tschanzsche Interpretation als »persönliche Meinung« abqualifiziert.
Dieser Vorgang grenzt fast schon an Manipulation mit wissenschaftlichen Ergebnissen. Ich sehe darin einen eklatanten Verstoß gegen wissenschaftliche Redlichkeit, einen Mißbrauch wissenschaftlicher Ergebnisse für politische Zwecke! Dieser Vorwurf gilt der Bundesforschungsanstalt für Landwirtschaft und dem Bundesministerium gleichermaßen.

Das Spiel geht noch weiter. Die Bundesforschungsanstalt veröffentlicht eine gegen Prof. Tschanz gerichtete Stellungnahme, die flugs in der Zeitschrift der Deutschen Geflügelwirtschaft und Schweineproduktion (DGS) abgedruckt wird.
In dieser Entgegnung der FAL steht: »Gegen die These von Herrn Tschanz, daß die ethologischen Befunde den Batteriekäfig tierschutzwidrig erscheinen lassen, erhebt die FAL keine Einwände, sie achtet das Urteil eines anerkannten Ethologen. Die FAL kann jedoch nicht die allgemeine politische Schlußfolgerung des Herrn Tschanz kommentarlos übernehmen, daß damit der Käfig im Sinne des Tierschutzgesetzes zu verbieten sei.« Und einen Absatz später: »Es ist nicht die Aufgabe der FAL... eine politische Schlußfolgerung aus den wissenschaftlichen Ergebnissen zu ziehen.«
Das Spiel geht weiter! Während die Bundesbürger offiziell immer noch nichts Genaueres hören, als... daß die Celler Untersuchungen ergeben haben, daß alles nicht »optimal« ist... setzen sich Prof. Tschanz und die gesamte Ethologische Gesellschaft weiterhin für die Veröffentlichung der Wahrheit ein.
Sie laden nach Bern: Prof. Dr. Dr. Smidt, Bundesforschungsanstalt für Landwirtschaft (FAL), Frau Prof. Dr. Wegner, Institut für Kleintierzucht, Celle, und den Fachtierarzt für Verhaltenskunde, Dr. Zeeb, Tierhygienisches Institut Freiburg (Dr. Zeeb war Vorsitzender der begleitenden Arbeitsgruppe bei der Celle-Forschung).
Nach diesem Gespräch veröffentlicht die Ethologische Gesellschaft einen Bericht über die Ergebnisse der Zusammenkunft. Wir lesen mit Überraschung, zu welchen Übereinstimmungen man plötzlich kommt.
Ein Auszug aus dem Bericht:

Die FAL beurteilt in Übereinstimmung mit uns den Batteriekäfig als ein Haltungssystem, welches im Verhaltensbereich gegen die Bestimmungen des Tierschutzgesetzes verstößt.

Die FAL findet wie wir, daß die im Abschlußbericht gemachte Aussage, keines der überprüften Haltungsysteme sei als optimal zu bezeichnen, keine Antwort gebe auf die der Untersuchung zugrunde liegende Frage nach der Tierschutzrelevanz.

Die FAL vertritt, entgegen unseren Schlußfolgerungen, die Ansicht, daß unter Berücksichtigung der aus andern als dem ethologischen Bereich stammenden Befunde der Batteriekäfig nicht als tierschutzgesetzwidriges Haltungssystem einzustufen sei.

Der letzte Absatz hat es in ganz besonderem Maße in sich. In einfachen Worten bedeutet das, was hier gesagt wird, folgendes: Die Bundesforschungsanstalt für Landwirtschaft (FAL) muß zugeben, daß nach ethologischen Kriterien Tierquälerei vorliegt, daß sie aber das Käfigsystem nicht als gesetzwidrig einstufen mag, weil Wirtschaft und Hygiene in Ordnung sind! (Wirtschaft war nicht Forschungsgegenstand!)
Anschließend muß jeder neidvoll zugeben, daß das Spiel geklappt hat! Kaum jemand erfuhr von den heimlichen Zugeständnissen und trickreichen Eiertänzen der Leute von der Bundesforschungsanstalt. Das Bundesministerium für Landwirtschaft erzählt in allen Veröffentlichungen munter weiter, daß man heftig geforscht habe – aber eben nicht mehr herausbekommen habe, als daß alle drei Systeme nicht optimal seien...
Die Geflügelwirtschaft verhöhnt noch 1983 in ihrer Zeitschrift DGS die Bemühungen der Ethologischen Gesellschaft, die Kritik der protestierend zurückgetretenen Wissenschaftler und die Aufrichtigkeit von Prof. Tschanz.
Als Überschrift für einen Artikel, der sich mit Änderungen des Tierschutzgesetzes beschäftigt, steht da:

Ver(t)schanzt?

Der Untertitel unseres Buches heißt »Mafia-Methoden in der deutschen Landwirtschaft«. Sicher – die Mafia bringt reihenweise die Leute um, die sich ihren Geschäften in den Weg stellen. Von derart blutigen Aktivitäten haben wir bisher nichts gehört in der deutschen Fleisch- und Eiererzeugung. Allerdings macht das Verhalten der Landwirtschaftsförderer in allen Etagen solche dramatischen Mittel bis jetzt auch überflüssig. Warum Killermethoden anwenden, wenn Macht im Mafia-Sinn auch ohne »so etwas« erreicht werden kann?

Da kann man (Gott sei Dank) nichts machen!

Dank der erreichten Unklarheit im wissenschaftlichen Vorfeld redet in Deutschland außer den Tier- und Naturschützern keiner mehr vom Verbot der Käfighaltung. Die Bundesregierung, die so erfolgreich die Gefahr abgewendet hat, die in unserem eigenen Tierschutzgesetz für die Käfighaltung steckt, verlagerte die ganze Geschichte in das Gebiet »EG-Problematik«, setzte sich dort für etwas größere Käfignormen ein und resignierte dann mit Anmut, als die anderen EG-Länder (Griechenland, Italien) die von uns geforderten 500 Quadratzentimeter Käfigfläche pro Henne als totalen Luxus beschimpften.

500 Quadratzentimeter sind weniger als ein DIN-A4-Blatt; ein Blatt Schreibmaschinenpapier.

In der EG gilt freier Warenverkehr – aber kein einheitliches Tierschutzrecht. Und so ist letzten Endes nur noch von der Wirtschaft, von der Konkurrenz innerhalb der EG die Rede – von den Holländern, die in noch viel kleineren Käfigen noch viel mehr Hühner halten dürfen.

Die EG einigt sich nicht, was den Hühnerhaltern angenehm ist. Inzwischen vergibt sie großzügig neue Forschungsgelder in Europa. Den deutschen Anteil kassiert wieder Celle. Das erste große Hühnerprojekt des Instituts blieb ja angeblich ohne befriedigendes Resultat... Die Bundesregierung wartet behaglich auf die EG, und die Hennen verdienen Geld für ihre Chefs. Die Verbraucher bekommen keine Kennzeichnung, um sich entscheiden zu können, ob sie Käfigeier essen wollen. Es herrscht – mit einem Wort – Ruhe im Land.

Nur die Zeitschrift DGS (Geflügelwirtschaft und Schweineproduktion) überlegt sich (Sommer 83), ob nicht eine Kennzeichnung der Eier »Garantiert aus Käfighaltung« den ziemlich schlaffen Verkauf ankurbeln könnte, und sorgt dadurch für eine Belebung – zumindest im komödiantischen Bereich. Die Zeitschrift schlägt allen Ernstes vor, in Zukunft mit dem Slogan zu werben »Käfigeier – weil sie besser sind!« Schade, daß niemand der Produzenten die Anregung aufgriff. Uns hätte das Verhalten der Verbraucher interessiert...

Keine Alternative zur Käfighaltung sehen die beamteten Tierärzte. Dreihundert trafen sich 1983 in Saarbrücken und verfaßten eine »Entschließung« ...daß es keine durchführbare Möglichkeit der freien Bodenhaltung gebe...«, denn Versuche hätten einen starken Parasitenbefall der Tiere in diesen Haltungen gezeigt.

Das also waren die beamteten Tierärzte.

Die »Deutsche Tierärzteschaft« – hier müssen die Mitglieder also nicht beamtet sein – schickt eine Stellungnahme an die EG in Brüssel und an das Landwirtschaftsministerium in Bonn. Sie weist darauf hin, daß sie Käfige für Hühner entschieden ablehnt, und erklärt, daß die Käfige nicht dem europäischen Übereinkommen zum Schutz von Tieren in landwirtschaftlichen Tierhaltungen entsprechen.

Durch die Diskussion über die Käfighühner geraten die anderen Nutztiere leicht in Vergessenheit. Mastschweinen, Sauen für die Ferkelerzeugung, Kälbern und Bullen geht es aber nicht etwa gut in den Ställen, in denen sie für unsere Ernährung an Gewicht zunehmen oder Nachwuchs produzieren. Die andern Nutztiere leben keineswegs so, wie es das Tierschutzgesetz vorschreibt.

Da der Gesetzestext knapp ist und immer wieder verschiedene Interpretationen zuläßt, hat das Bundesministerium für Landwirtschaft einige Male versucht, ausführliche Verordnungen zur Haltung, Pflege und Unterbringung der Nutz- und Schlachttiere durchzusetzen, scheiterte aber jedes Mal an der nicht erteilten Zustimmung des Bundesrates. Nach Ansicht der deutschen Tierschutzverbände entsprachen alle Verordnungen ohnehin nicht dem Tierschutzgesetz.

Ethik? – Bei Tieren?

Die Herumwurschtelei begünstigt vorerst die Entwicklung der Agrarindustrie. Die Ungeheuerlichkeit, zehn Jahre lang zu behaupten, wir wüßten nicht, was das Tierschutzgesetz bedeute, hat sich als gut funktionierendes Mittel erwiesen.
In der Bundesrepublik hat sich das Interesse in den letzten Jahren mehr den Versuchstieren (Medizin, Chemie, Arzneimittelproduktion) zugewendet, deren Leiden – zugegeben – oft unvorstellbare Ausmaße annimmt. Die Nutztiere in der Landwirtschaft, die für die Ernährung der Menschheit sorgen, sind vorübergehend ein bißchen in den Hintergrund geraten.
Da eine seit Jahren diskutierte Änderung des Tierschutzgesetzes nicht ewig verschoben wird, lenken wir die Aufmerksamkeit auf den darin enthaltenen § 2, der nach Ansicht aller Experten den Schutz der Nutztiere beinhaltet... artgemäße Nahrung und Pflege... verhaltensgerechte Unterbringung... das artgemäße Bewegungsbedürfnis... Es gab und gibt Bestrebungen, die Begriffe »artgemäß«, »verhaltensgerecht« und »Bewegungsbedürfnis« aus dem Gesetzestext herauszustreichen.
Wer den Skandal der Celler Hühnerforschung studiert und begriffen hat, wird erkennen, daß Industrie und Ministerium sich die Forderung nach verhaltensgerechter Unterbringung nur zu gerne gesetzlich vom Hals schaffen würden.
Da bei den weiteren Diskussionen über die Änderung unseres Tierschutzgesetzes die Versuchstiere im Vordergrund stehen werden, halten wir es für erforderlich, hier einige Thesen zugunsten der Nutztiere aufzunehmen, die von den Gesetzesmachern sonst vielleicht übersehen werden. Die meisten Tiere, mit denen der Mensch »geschäftlich« umgeht, sind Hennen, Hähnchen, Kälber, Schweine und Bullen der Intensivhaltung.
Wegen der enormen wirtschaftlichen Konsequenzen ist zu befürchten, daß bei der anstehenden Änderung des Tierschutzgesetzes kein Mittel unversucht gelassen wird, den Paragraphen 2 endlich in dem Sinne zu ändern, der den Massentierhaltern Vor-

Ethik…

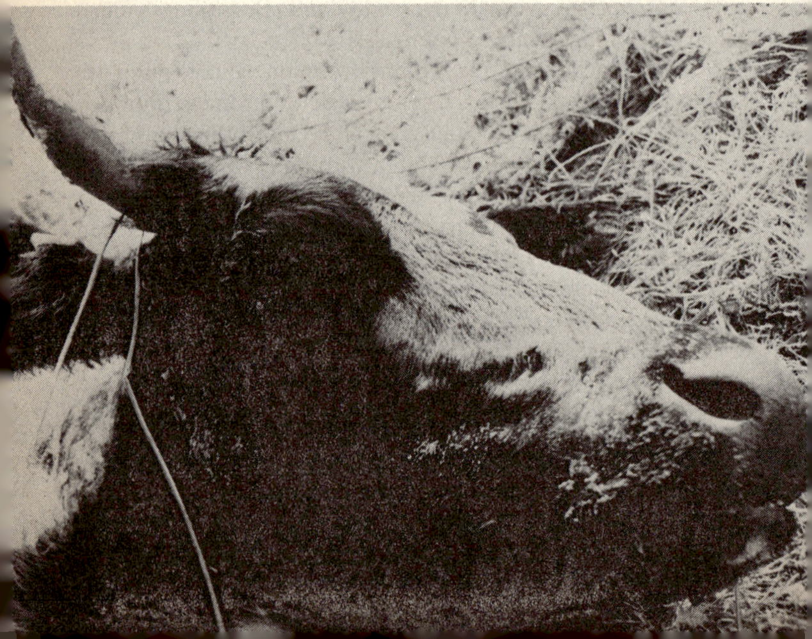

…bei Tieren?

teile bringt. Wenn die bundesrepublikanische Öffentlichkeit zuläßt, daß den landwirtschaftlichen Nutztieren durch Gesetz das »Bewegungsbedürfnis« abgesprochen wird, und wenn die Forderung nach verhaltensgerechter Unterbringung in Zukunft entfällt, sind von einem Tag auf den anderen sämtliche modernen Haltungssysteme der agrarindustriellen Massentierhaltung legalisiert.

Immer wieder setzt sich der Nagolder Rechtsanwalt Dr. von Loeper (Aktion Verantwortung für das Tier) in Publikationen dafür ein, daß dem Bundesbürger »die rechtsstaatlichen Tierschutzerfordernisse« klarwerden. Vor allem mit Hinblick auf die Nutztiere.

Auszüge seiner Thesen:

I Zu den Grundlagen

Eine tiergerechte Nutztierhaltung bedarf, damit sie einheitlich wirkungsvoll gehandhabt wird, der rechtsstaatlichen Steuerung. Sie erfordert eine Klärung grundlegender Begriffe und Maßstäbe.

1) Der tierschutzrechtliche Leidensbegriff

   Zwar gibt es Stellungnahmen von Vertretern der Geflügelwirtschaft, die das Tierschutzgesetz in ein Polizeigesetz umdeuten, das nur vor den Verletzungen der Tiere schützen und vor allem die ökonomischen Eigeninteressen des Menschen sichern solle (Bettermann 1980). Das widerspricht jedoch dem klaren Wortlaut des Gesetzes und ständiger Rechtsprechung, die den Tierschutz um den Tieres willen anerkennt und die erhebliche Leiden, nicht nur sogenannte Technopathien (also Verletzungen der Tiere) vermeiden will.

   Wo die Tiere in bestimmten Haltungssystemen wie Käfig-, Anbinde- und Boxenhaltungen dauernd gehindert werden, einen großen Teil ihrer angeborenen artgemäßen Verhaltens- und Bewegungsbedürfnisse zu befriedigen, entstehen erhebliche Leiden, weil das umweltbezogene Normalverhalten der Tiere stetig vereitelt wird.

2) Der tierschutzrechtliche Eigentumsbegriff.

   Das Ernstnehmen der ethischen Grundkonzeption des Gesetzes und des darin geschützten Rechtsgutes (die »sittliche Beziehung zwischen Mensch und Tier als soziales Anliegen«, Lorz 1979) erfordert es, den

Begriff des Tieres als »Sache« und »sachenrechtliches Eigentum« aufzugeben. Dieses Relikt längst überholten römischen Rechts (schon im nachchristlichen römischen Recht wurden allerdings die Tiere als Subjekte des Naturrechts bezeichnet) ist mit aller Deutlichkeit zu überwinden, weil es in der Praxis immer noch den Ton angibt. Jedenfalls dem Wirbeltier, als besonders leidensfähigem Lebewesen, in der damit gegebenen biologischen Nähe zum Menschen, sollen Lebens- und Abwehrrechte zustehen...

3) Der Kernbestand des Tierschutzrechtes als Verfassungsgut.

Rechtsstaatlicher Tierschutz ist Ausdruck unteilbarer Ethik der auf außermenschliche, leidensfähige Lebewesen erweiterten Humanität, also Teil des Sittengesetzes mit Verfassungsrang (Artikel 1, 2 Abs. 2, Nr. 20 Grundgesetz, vgl. Stober 1981). Dies muß für folgende drei Kernsätze ethisch begründeten Tierschutzes gelten:

a) Das Tier ist biologisch und ethisch-rechtlich eine nicht von Grund auf frei verfügbare Sache, sondern Leben, das um seiner selbst willen Achtung und Schutz erfordert, also im Rahmen einer sozialen Ordnung Lebensrechte hat.

b) Das Verbot der Tierquälerei, eine Art historisches Ur-Grundrecht des Wirbeltieres gegenüber dem Menschen, ist eine Verfassungsschranke, die strafrechtlich ohne Einschränkung gilt und deren Verletzung den Tierschutz als Kulturgut in seiner Substanz treffen würde.

c) Auch der Tierschutz ist eine Ausprägung rechtsstaatlicher Prinzipien, weil alle Eingriffe an Tieren nicht unnötig sein dürfen und verhältnismäßig sein müssen (Rechtsprechung des Bundesverfassungsgerichtes); alle staatlichen Instanzen sind auch auf diesem Gebiet an Gesetz und Recht gebunden (Artikel 20, Abs. 3, Artikel 80, Abs. 1, Grundgesetz).

II Zur Klarstellung des Gesetzesauftrages und seiner Konsequenzen

Der Gesetzgeber hat in der Spezialnorm des § 2 Tierschutzgesetz verbindliche Gebote gegenüber dem Tierhalter festgesetzt, damit die essentiellen Verhaltensbedürfnisse der Tiere beachtet werden. Aus der Tatsache, daß viele Strafgerichte systembedingte Verstöße dagegen als objektiv strafbare Tierquälerei betrachten, geht hervor, daß tierquälerische Massentierhaltung nicht erlaubt, sondern *verboten* ist...

Das hat zuletzt auch die 5. Große Strafkammer des Landgerichts Darmstadt in einem Beschluß vom 4. 10. 1983 festgestellt, aber (noch einmal) die Anklage der Staatsanwaltschaft gegen tierquälerische Geflügelhalter nur deshalb nicht zugelassen, weil zunächst die überwachungspflichtige Verwaltungsbehörde hätte einschreiten müssen! – Kann es die Justiz der untätigen Behörde eigentlich deutlicher sagen, daß sie sich demnächst wegen Rechtsbeugung, wegen Anstiftung und Mittäterschaft zum Vergehen der Tierquälerei verantworten muß?

Aber es kommt noch schlimmer: Die Regierungspräsidien Tübingen und Stuttgart haben 1983 – nach zwei ausführlichen Erörterungsverhandlungen und in Kenntnis des besagten Strafverfahrens – die beantragten Neuanlagen für Legebatterien nur deshalb genehmigt, weil sie den politischen Direktiven ihres obersten Dienstherrn (Landwirtschaftsminister) folgten... So allerdings gehen die Tiere und der Rechtsstaat »auf menschelnde Weise vor die Hunde«.

...Das Land Hessen hat im Februar 1984 eine Grundsatzentscheidung gegen neue Genehmigungen der verbreiteten Legebatterien getroffen. Denn dieses Land will nicht länger für Straftaten zu Lasten Wehrloser verantwortlich sein. Jetzt müssen der Bund, die anderen Länder und die Behörden zeigen, was ihnen der Rechtsstaat wert ist. Allerdings werden allgemein für die bestehenden tierquälerischen Käfiganlagen (und ähnliche Tierhaltungen) Umstellungsmaßnahmen folgen müssen, soll nicht der Anschein entstehen, daß es zweierlei Maß gebe. Schließlich darf die Geltung rechtsstaatlicher Grundsätze und der Strafgesetze auch nicht deshalb entfallen, weil die Beseitigung der Tierquälerei staatliche Versäumnisse aufdecken und Entschädigungsansprüche der Tierhalter gegen den Staat auslösen könnte.

Kein Mensch käme sonst (in anderen Bereichen) auf die Idee, Strafgesetze für überflüssig zu erklären, auch nicht wegen der Europäischen Gemeinschaft. Anders im Tierschutz. Da ist es das gängige Alibi-Argument, wir müßten auf einstimmige Beschlüsse der EG warten, dann sei das Problem gelöst – wohl wissend, daß es in einigen EG-Ländern nicht einmal eine Tierschutzgesetzgebung gibt.

Und im übrigen: Bis heute fehlende Richtlinien der EG würden... nur Mindestnormen schaffen, die uns ähnlich dem Umweltrecht an strengeren Tierschutznormen nicht hindern. Eine Nivellierung der EG nach unten, um Wettbewerbsverzerrungen zu verhindern, ist denkbar ungeeignet. Der Schutz der deutschen Verbraucher und gesetzestreuen Landwirte muß innerhalb der EG jedenfalls so weit möglich sein, daß die Kennzeichnung tierischer Produkte nach der Haltungsmethode gleichermaßen für in- und ausländische Ware verlangt wird, so daß kein Vorwurf möglich ist, EG-Partnerländer würden diskriminiert.

Jeder, der das jahrelange Gerangel miterlebt hat, fragt sich, welche Auswege und Verzögerungstaktiken noch angewandt werden, um dem Dilemma immer weiter erfolgreich ausweichen zu können... dem Dilemma, daß unsere Gesetze etwas verlangen, was großen Verdienern partout nicht in den Kram paßt. Die Instrumente des demokratischen Staates ließen sich bisher hervorragend mißbrauchen, um den wirtschaftlichen Gesichtspunkten Vorrang zu geben.
Glaubt jemand, daß das zu ändern ist? (Eventuell noch einmal nachschlagen unter »Ei, ei, ei – wer forscht denn da?«)

Auf der Wiese geht es doch!

Zwei Argumente liefern die Verteidiger der Käfighaltung in den ersten Minuten eines jeden Gespräches über Legehennen: Die Eier aus anderen Haltungen – Bodenhaltung in der Halle oder Freilandhaltung – seien grundsätzlich unhygienisch und... die Preise für dieses wunderbare Nahrungsmittel seien unerschwinglich, wenn es nicht in Käfigbatterien erzeugt werde!
Beides ist schlicht falsch!
Es gibt hygienisch einwandfreie und preisgünstige Eier für etwa dreißig Pfennig aus hervorragender Haltung, wie erst vor kurzem in der Zeitschrift der »Arbeitsgemeinschaft Deutscher Tierschutz« vorgestellt. Der Bericht handelte von Hennen-Freiland-Betrieben, die mit 1000 und 4000 Legehennen – in der von Käfigfreunden mittelalterlich genannten Weise – ein gutes Einkommen mit Tieren erwirtschafteten, die auf Wiesen laufen.
Die Schweiz hat ein Verbot der Käfighaltung ausgesprochen. Trotzdem bricht die Eierwirtschaft in unserem Nachbarland nicht zusammen. Bodenhaltung mit Einstreu (in Hallen) und Volierenhaltung reichen als Alternativen zum Käfig aus, um Geschäftsinteressen und hygienischen Ansprüchen der Schweizer Bürger zu genügen. Außerdem hat sich herausgestellt, daß Legehennen in guter Bodenhaltung gesünder und weniger anfällig gegen Seuchen sind als Käfigtiere. Die Fabel von den »grundsätzlich unhygienischen Eiern aus Bodenhaltung« dient in erster Linie der Irreführung der Verbraucher!
Der Verbraucher muß lernen, wie er dahinterkommt, wer seine Nahrungsmittel produziert. Wie das geschieht. Ob es sich um Tierquälerei handelt. Wieviel Gift- und Schadstoffe eingesetzt werden. Er kann dieses Ziel nicht ganz erreichen. Wenn er sich auf die Vertreter des Staates verläßt, erreicht er allerdings so gut wie gar nichts.

Ich wollt', ich wär' kein Huhn...

Erst Chemie macht Massentierhaltung möglich. (Brat-)Hähnchen und Schweine sollen möglichst schnell und schwer die Ställe verlassen, die Hennen müssen Eier legen, soviel sie nur können. Dem Vieh kann geholfen werden – durch Chemie.
Um die Tiere, die ohne Bewegungsfreiheit in Koben und Käfigen hocken, einigermaßen gesund zu erhalten –, die engen Haltungsbedingungen fördern die Seuchengefahr – wird ein bißchen nachgeholfen. Und diese Nachhilfe überschreitet jedes vernünftige Maß, selbst dann, wenn sich die Verabreichung von Pharmazeutika, Futterzusätzen und anderen Chemikalien im gesetzlichen Rahmen bewegt. Der aber wird, aufgrund zu lascher staatlicher Kontrolle, auch noch laufend übertreten.
Das Ei, in Massen produziert, äußerst billig verkauft, ist seit Jahresbeginn 1984 wieder einmal in Verruf geraten. In Presse und Rundfunk häuften sich die Berichte über gefährliche, gesundheitsschädliche Rückstände in Eiern. Die Ursachen für die Rückstände sind schnell gefunden. Die Konkurrenz der großen Eierproduzenten ist hart, d. h., der einzelne muß scharf kalkulieren und äußerst radikal die Kosten senken (siehe unser Paradebeispiel Pohlmann).
Selbst unter günstigsten Bedingungen, d. h. mit wenig Ausfallerscheinungen und höchster Legeleistung, ist in der Bundesrepublik mit Batteriehaltung maximal ein Gewinn von 1,26 DM pro Tier und Jahr zu erreichen. Nur Masse kann Gewinn bringen, und die Chemie ist die »Überlebensgarantie« für Hennen und Halter. Denn 5–10% der Tiere sterben sowieso vorzeitig. Sollten darüber hinaus noch mehr eingehen, sich Krankheiten oder »Unwohlsein« einschleichen und damit die Legeleistung zurückgehen, kann das schnell die Pleite eines Betriebes bedeuten.
Die Angst vor dem finanziellen Ruin treibt die Hennenhalter zum chemischen Krieg gegen die Hühner. Und das nicht erst, wenn irgendwelche Symptome auftreten (dann gäbe es wohl auch nichts mehr zu stoppen). 14 Impfungen empfiehlt die Land-

wirtschaftskammer Weser-Ems bis zur 20. Lebenswoche der Küken. Dabei werden ganz verschiedene Präparatmischungen gespritzt oder dem Futter und Wasser zugesetzt.
Über Futtermittel können auch toxische Spurenelemente wie Arsen, Blei, Cadmium und Quecksilber in Hühnerkörper (Hähnchen) und bei Hennen auch ins Ei gelangen. Immer noch werden chrom- und quecksilberhaltige Fischabfälle zu Hühnerfutter verarbeitet. Dazu kommen noch Pestizide, die in den Ställen aus »hygienischen Gründen« fleißig versprüht werden.
Anfang 1981 gab es in der Bundesrepublik den ersten Eier-Skandal, als Rückstände des hochgiftigen Reinigungs- und Lösungsmittels Perchloräthylen (Per) nachgewiesen wurden. Bis zu 4 mg pro Kilo – immerhin 160mal mehr, als im Trinkwasser zugelassen ist – wurden gefunden. Mit Hilfe von »Per« löst die Fleischmehlindustrie Fette aus Tierkörpern und -knochen. Per gelangt so mit dem Mehl ins Futter. Dieses Verfahren soll angeblich seit Ende 1982 kaum noch angewendet werden.
Neben den hohen Arzneimitteldosen, neben Arsen, Blei, Cadmium, Quecksilber, Pestiziden und manchmal auch Per werden landwirtschaftliche Nutztiere zur Produktionssteigerung mit Wachstumsförderern, Antibiotika und Hormonen vollgestopft. Alles Stoffe, die mit dem Fleisch- oder Eierverzehr ständig in geringen Dosen dem Verbraucher verabreicht werden und seine Gesundheit langfristig schädigen.

Rückstandnachweise in Eiern sind schwer zu führen. Ein Ei ist ein lebender Organismus, und es ist kaum abzusehen, was dieser Organismus mit den zugeführten Stoffen macht. Ob und wie er sie verarbeitet, was nach langer Zeit abgelagert und nachweisbar wird, läßt ich kaum vorauskalkulieren. Deshalb sollten bestimmte Medikamente und Stoffe einfach ganz verboten werden. Eine Mengenbegrenzung scheint aus den beschriebenen Gründen wenig sinnvoll!
Die bisherige Regelung, die die Reinheit der Eier garantieren und den Verbraucher schützen soll, kommt so gut wie überhaupt nicht zum Tragen... Werden den Hennen Arzneimittel verabreicht, so dürften die Eier, die in der Folgezeit (z. T. bis zu 20 Tagen) gelegt wurden, nicht verkauft werden. Bei den vielen Pharmazeutika und den knappen Kalkulationen der Tierhalter unmöglich! Die Eierproduzenten können sich gar nicht an die gesetzlichen Regelungen halten.
Der Dumme dabei ist – wie so oft – der Verbraucher. Eier unterliegen keiner amtlichen Kontrolle auf Tierarzneimittel! Eier kommen, weil man den Tierarzt bei all diesen Verabreichungen nicht so gerne einschaltet, oft unkontrolliert, mit nicht bekannten Mengen erlaubter und unerlaubter Arzneimittel auf den Markt.
Frische Eier sind übrigens auch nicht unbedingt frisch! Der Hersteller muß nur angeben, wann die Eier verpackt wurden. Dabei gibt es lediglich eine Wochenangabe, und die entspricht dem EG-internen Eier-Wochen-Kalender, der mit unserem normalen Kalender nicht unbedingt übereinstimmt. Vorsicht also bei frischen, gesunden Landeiern!

Schwein gehabt?

Dieter Terjung, Oldenburgische Fleischwarenfabrik, Cloppenburg: »Jedenfalls kann ich aus eigener Erfahrung berichten, daß ein langjähriger treuer Abnehmer von Schweinehälften – ein Fleischwarenhersteller – so große Probleme mit den von uns gelieferten Südoldenburger Schweinen hat, daß er auf eine Gruppe von Erzeugergemeinschaften zurückgreift, die ihm garantiert acht Monate gemästete Schweine liefern, die fest und trocken im Fleisch und kräftig in der Farbe sind, so wie sie auch von einer bekannten Fleischwarenfabrik seit Jahren mit gutem Erfolg über Mastverträge bezogen werden. Das sind sicher heute noch Ausnahmen, aber wie lange noch? Es sind aber Tatsachen, die ich mit Namen belegen kann und Qualitätsunterschiede, von denen ich mich überzeugen konnte.« (Tagung der Landwirtschaftskammern zum Thema »Nahrungsmittelqualität«, Bremen 1982).
Die Kritik gegenüber der Schweinefleischqualität wächst – auch in den eigenen Reihen. Lange schon weiß der Verbraucher, daß er möglichst nur einmal im Monat Innereien essen soll, mehr kann gefährlich werden. Beinahe jeder kennt heute PSE-Fleisch (engl.: Pale-Soft-Exudativ; blaß, weich, wäßrig) und DFD-Fleisch (engl.: Dark-Firm-Dry; dunkel leimig, trocken). Aber wer weiß heute noch, wie Hühner- und Schweinefleisch schmekken können? – Von Hühnern und Schweinen, die nicht mit allen Mitteln schnell schwer gemacht wurden?
Schweine sind hochempfindliche Tiere. Enge und strohlose Haltung fördert Aggression und Nervosität. Während des Transports und vor der Schlachtung stehen die Tiere unter unglaublichem Streß. Faktoren, die die Tiere stark belasten (Beeinträchtigung der Fleischqualität) oder zu vorzeitigen Verlusten führen (Tod), werden – wie bei Huhn und Ei – nicht grundsätzlich verändert, sondern durch Chemie bekämpft.
Psychopharmaka und Betablocker beruhigen die Tiere. Glucocorticoide stärken den Organismus, Schweine ertragen dann die Belastungen besser. Antibiotika schützen vor Infektionen. Thy-

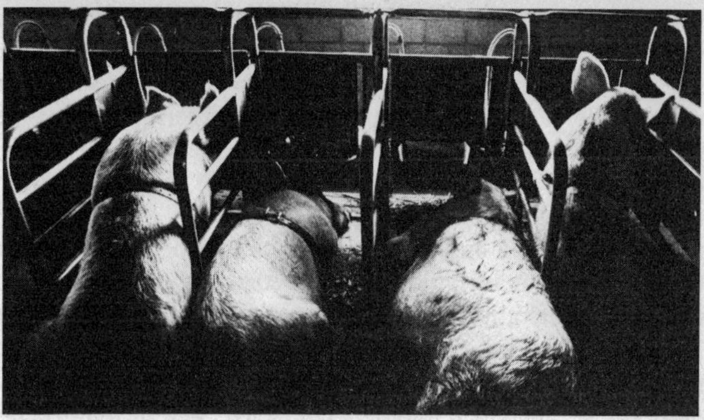

Angebunden – Sauen in »modernem« Stall

reostatika fördern eine rapide Gewichtszunahme. Dazu die schon beschriebenen Rückstände in den Futtermitteln – Kupfer, Pestizide usw.

Es folgen auf dem Weg zum Verbraucher noch verschiedenste Be- und Verarbeitungsmethoden, die einem spätestens jetzt den Appetit vergehen lassen... z. B. die Bestrahlung mit radioaktivem Müll oder... Eintauchen in gechlortes Wasser. – Methoden, die Nahrungsmittel »frischer« aussehen lassen sollen, durch die Wasser im Fleisch besser gebunden, das Fleisch schwerer gemacht wird.

»Iß und stirb«, so heißt ein über 300seitiges Buch der Lebensmittelchemiker Kapfelsberger und Pollmer. Sie beschreiben ausführlich, was mit unseren Lebensmitteln geschieht, welche Rolle Chemie in der Nahrungsmittelproduktion spielt. Sie zeigen, daß die Konsumenteninteressen gerade so viel berücksichtigt werden, daß kein Skandal passiert. Die Verteidiger der gegenwärtigen Nahrungsmittelproduktion wehren sich heftig und »sachlich« gegen Kritik:

Der Präsident aller deutschen »Landwirtschaftlichen Untersuchungs- und Forschungsanstalten« (LUFAs), Prof. Dr. Heinz Vetter, Oldenburg, Agrarwissenschaftler, polemisiert in einem Vortrag des »Rationalisierungs-Kuratoriums für Landwirtschaft«, 1983: »Die heute modische Kritik am zu raschen technischen Fortschritt und dem Einsatz von Chemikalien in der Landwirtschaft ist vorrangig bedingt durch eine pseudoreligiös bestimmte Naturphilosophie, z. T. aus asiatischen Ländern importiert, die der Vorstellung folgt, daß eine sich selbst überlassene, vom Menschen nicht berührte Natur zu besserer Umweltpflege und besserer Nahrungsqualität führen könnte als eine vom Menschen gestaltete Natur.«

Prof. Vetter: »Ein anschauliches Beispiel für den Einfluß wirklichkeitsferner naturphilosophisch bedingter Grundauffassungen ist die Motivation für den Einkauf sogenannter ›biologischer Nahrung‹. Sie wird nicht bevorzugt, weil ein besserer Gesundheitswert für solche Nahrung nachgewiesen worden wäre, sondern weil sie angeblich ›biologisch‹ erzeugt, weil sie ›naturbelassen‹ ist. Die Zahl der Menschen, die darauf traut, daß die sich selbst überlassene Natur zu besserer Umweltpflege oder besserer Nahrungsqualität führt, wächst. Wesentliche Teile der Kräfte in der Bewegung der Grünen, die die Fundamentalopposition in unserem Parlament für ein geeignetes Mittel der Politik halten, sind von solcher asiatischen Religiosität oder der Anthroposophie in ihrem Denken bestimmt.«

Wenn der Geist des Präsidenten die Forschung aller deutschen Landwirtschaftlichen Untersuchungsanstalten (LUFAs) beherrscht, brauchen sich Agrar-, Chemie- und Nahrungsmittelkonzerne nicht zu sorgen!

Kritik wird niedergestampft mit angeblich »objektiven« wissenschaftlichen Argumenten. Die gewählten Volksvertreter fördern und helfen. Hilflos essen die Menschen ihr »täglich Gift«.

Der Landkreis bittet um einen Graben

Die Lobby für gesunde Nahrungsmittel und intakte Umwelt ist klein. Für viele Kritiker im südoldenburgischen Zentrum der Agrarindustrie sind die Mitglieder der Biologischen Schutzgemeinschaft Hunte Weser-Ems die einzige Anlaufstelle.

Der Vorsitzende der BSH, Dr. Remmer Akkermann, erzählt:

Wir bekommen öfter Anrufe von Betroffenen, die anonym bleiben wollen, mit der Bitte, uns einzuschalten. Wenn entweder Gewässer verschmutzt werden oder wenn beispielsweise die Unwahrheit öffentlich behauptet wird oder man unter Druck gesetzt wird – auch als Journalist übrigens.
Da war unlängst ein Fall, als Anlieger sich beschwert haben, daß die Auflagen und Bestimmungen für die Gemäuer von Hühnerställen dermaßen schwach und lückenhaft sind, daß man jederzeit mit dem Bruch von Mauern oder Dächern rechnen müsse. Wenn sich so ein Gülleauffangbecken im Boden befindet, ist nach einem gewissen Alter ziemlich sicher mit nicht erkennbaren Lecks zu rechnen. Spannend wird es bei oberirdischen Lecks. Ein Beispiel war eine Legebatterie in Höhne (Landkreis Vechta). Dort drohte die Wand zu platzen unter dem Druck des ansteigenden Güllepegels. Und man öffnete ein Ventil – vorsichtshalber –, um die Wand zu entlasten! Die Gülle lief durch die Gegend ... durchs Dorf ... und das ist hier leider nicht der erste Fall!
Es ist in diesem Fall nur so gewesen, daß die Firma lapidar auf die bisherige Einhaltung aller Auflagen verweist. Es ließ sich in Höhne offenbar kein anderer Weg finden, sonst wäre der ganze Stall zusammengebrochen und hätte – wie andernorts schon passiert – die Legehennen unter sich begraben. Der Landkreis Vechta machte die »schwerwiegende« Auflage, einen Graben zum zügigen Ableiten der Gülle zu baggern! Seitens der BSH wurde dieses Vorgehen heftig kritisiert. Man war denn auch et-

was »strenger« ... Der Kreisdirektor bestimmte, zusätzliche Beobachtungsschächte mit der Hand auszuheben, um zu »sehen«(!), ob sich am oberflächennahen Grundwasser wirklich nichts wesentlich verändert habe.
Das ist alles gleichermaßen närrisch, so will ich es mal bezeichnen. An dem Problem ändert es nichts. Und dann noch die Behauptung: Wir haben da eine Genehmigung zum Bau dieses ganzen Gebäudes gehabt. Worauf wir nachträglich feststellten, daß nicht etwa zu Beginn eine Genehmigung erteilt war.
Man baute drauflos! Das geschieht hier öfter. Und wenn der Stall fertig ist, dann sagt man: So, nun wollen wir doch mal über politische Kanäle, über Kreistag oder Ausschüsse sehen, daß wir die Genehmigung reinkriegen. Nicht zuletzt sind wir ja gute Steuerzahler und Arbeitgeber. Auch in diesem Fall ist die Genehmigung nachträglich erteilt worden.
Sie können sich vorstellen, eine Kreisverwaltung orientiert sich natürlich nach dem politischen Gremium, und das ist der Kreistag.
Wer sitzt im Kreistag? Bei 80% CDU-Anteil in diesem Fall, überwiegend jene Bediensteten, die im Umfeld der Massentierhaltung Dienst tun und ihr Geld verdienen. Ob das nun Landwirte oder Angehörige von Banken und Speditionen sind. Es sind Gremien, die doch Interesse haben, daß diese Art der Bewirtschaftung, Intensivbewirtschaftung, wenn sie auch sehr landschaftsschädlich ist, bestehen bleibt und fortgeführt wird.
Das, wogegen wir uns vor allem wehren, ist der weiter aufsteigende Trend. Die sind hier noch lange nicht fertig! Trotz dieser riesigen Viehdichte wird also ständig weitergenehmigt.
In Höhne war eigentlich der erste Fall, wo uns auch Landwirte anriefen und sagten, sie ließen sich das nicht mehr gefallen. Und jetzt im Dezember (1983) ist ein Protestmarsch in der Stadt Vechta zum Kreistag erfolgt mit über hundert Bauern. Das ist eine bundesweit beachtete Sensation gewesen. Diese Art der Kritik und des öffentlichen Protestes kannte man hier nicht. Bisher glaubte man eher an den Grundsatz, seine Arbeit leisten und Ruhe bewahren zu müssen.
Hier sind also wirklich mal Bauern, insbesondere Jungbauern, auf die Barrikaden gegangen und haben sich ausgesprochen ge-

gen eine weitere Expansion und Umstellung von Hühnerbetrieben in Sauenhaltung.
Und genau das sehen wir ja auch. Wir wollen die kleinen und mittelständischen Betriebe schützen, und wenn die sprachlos sind, wörtlich genommen, dann wollen wir stellvertretend für sie die Argumente öffentlich austragen. Weil der Naturschutz zum Glück nicht von Futtermittellieferanten abhängig ist! Denn die ziehen die Konkurrenz für die Bauern oft gleich mit heran! 30 bis 50 Prozent der Betriebe unter 20 ha im Landkreis Vechta sollen – das sag' ich im Konjunktiv – Vertragsmastbetriebe sein. Also Betriebe, denen der Hof gar nicht mehr gehört!
Das weiß nicht mal der Nachbar! Mit einem Mal kann einer seine Futtermittel nicht mehr bezahlen, wenn, sagen wir, wie jetzt, die Schweinepreise im Keller sind. Dann legt er nur zu. Und wenn er nichts auf der hohen Kante hat, geht's in den Konkurs.
Das sagt er: Dann mache ich das, was ich bisher getan habe, weiter im Namen anderer. Und irgendwann ist er nicht mehr Herr seines Hofes. Weshalb wir alle Bauern, die da meinen, wir würden grundlos Kritik üben, dringend bitten, sich die agrarindustriellen Verhältnisse in Südoldenburg mal anzusehen! Sie sind Vorreiter für viele ähnliche Entwicklungen im Bundesgebiet.
Man sollte versuchen, den Mischbetrieb, auch wenn er mehr Arbeit macht, zu erhalten. Das ist sicherer ... als wenn man sich auf die Mast einer einzigen Tierart umstellt. Diese »Verschweinung« fordert ihren Preis, einen ökologischen Preis, einen betriebs- und volkswirtschaftlich hohen Tribut. Bauern, die nicht begreifen wollen, daß hohe Verschuldung und extreme Spezialisierung ein erhebliches existenzielles Risiko sind, merken das spätestens, wenn sie den Laden dichtmachen müssen.

"DER KREISLAUF"

Machen wir doch mal einen Erlaß!

Jahrelang kämpften die Umweltschützer, in Südoldenburg vor allem die Mitglieder der »Biologischen Schutzgemeinschaft Hunte-Weser-Ems« (BSH), allein mit ein paar Grünen gegen die Güllebelastung in dieser Region. Kein Landwirtschaftsgebiet in der Welt hat derartig intensive Viehwirtschaft (Intensität sagt hier etwas aus über das Verhältnis von Tierzahlen zur Fläche). Keinem Landwirtschaftsgebiet in der Welt bleibt allerdings auch so viel Mist übrig.
In früheren Jahren haben sich die meisten Südoldenburger nicht aufgeregt über die ständige Berieselung mit Flüssigmist. Es stank – na, gut! Fremde, die meinten, die Nase rümpfen zu müssen, wußten eben nicht, daß man hier auch mit Scheiße Geld macht (Rechtsanwalt Weigmann im September 1983 vor dem Schöffengericht Vechta)... Geld stinkt doch nicht, oder?

Text eines Liedes, das Jan Willem aus Vechta – von manchen Volksbarde genannt – zu der Melodie des Nachkriegs-Schlagers »Wenn bei Capri die rote Sonne im Meer versinkt...« auf Schallplatte herausbrachte und das jeder im Landkreis kennt:

Wenn bei Vechta die rote Sonne im Moor versinkt,
und wenn die Jauche und Hühnergülle zum Himmel stinkt,

zieh'n die Bauerns mit ihren Wagens aufs Feld hinaus,
und sie schmeißen in hohem Bogen die Scheiße raus.

Und dann stinkt es auch für viele Wochens in unserem Land...

Der Refrain:

Emma, Paula, Frieda und Marie, mach die Fenster zu, es stinkt wie noch nie.

Ziemlich spät sprach es sich herum, daß Gülle außer Gestank auch Nitrat beschert und daß dieses Nitrat inzwischen so stark im Trinkwasser ist, daß selbst Landwirtschafts-Fanatiker in ihrem Gülle-Verhältnis gestört sind.
Einige Jahre hat es schon gedauert. Inzwischen hatte sich die Lage so sehr zugespitzt, daß Landwirtschaftsminister Glup von Niedersachsen einen Runderlaß von sich gab. – Wer weiß, wie gern Herr Glup sich von den südoldenburgischen Bauern immer wieder wählen läßt, begreift, daß ihn nur äußerste Not dazu treiben konnte, das Güllen zu verteufeln.
In dem Runderlaß vom 13. 4. 1983 steht, daß Gülle und Geflügelkot in der Zeit der überwiegenden Grundwasserneubildung ab etwa Ende Oktober bis Ende Februar nicht ausgebracht werden darf. Als Höchstwert gilt eine Düngergabe von drei »Dungeinheiten« je Hektar und Jahr.
Drei Dungeinheiten? Das ist, was 4,5 Rinder, 21 Schweine oder 900 Hähnchen hinter und unter sich lassen. Das muß – laut Glup – in Zukunft reichen für einen Hektar Fläche.
Weil zumindest bei Schweinen und Hähnchen wegen der kürzeren Mastperioden dieselben Tiere nicht ein ganzes Jahr im Stall bleiben, sind mehrere Durchgänge möglich. Für einen 20-Hektar-Betrieb bedeutet also der Gülle-Erlaß: 90 Rinder oder 1000 Schweine oder 120000 Masthähnchen im Jahr.
Nach dem Erlaß aus Hannover liefen die Südoldenburger Landwirte monatelang Sturm. Täglich Zeitungsberichte, ein immer wieder angedrohter CDU-Sonderparteitag gegen Glup, Gülle-Podiumsdiskussion.

Zu dieser Zeit drehten wir unseren Film »Und ewig stinken die Felder«. Wir erlebten, daß Glup Beifall von Seiten bekam, die ihn bisher beschimpft hatten. Wir brauchten etwas Zeit, um zu erfassen, ob der Gülle-Erlaß wirklich *die* umweltfreundliche Aktion ist, für die er sich ausgibt.
Nach langer Beschäftigung mit dem Thema halten wir ihn eher für einen geglückten Coup des Ministers, der ihm Bewunderung einträgt und gegen den Verdacht der Parteinahme für die Landwirtschaft abschirmt. Der jedoch – das ist der eigentliche Haken – die Konzentration in Südoldenburg nachhaltig fördert.

Wir mußten feststellen, daß jetzt sogar Umweltmaßnahmen zum weiteren Aufschwung der agrarindustriellen Produktion eingesetzt werden. Die kleineren Betriebe werden die einzigen sein, die langfristige negative Folgen des Erlasses zu spüren bekommen.
Um diese Zusammenhänge zu verstehen, muß man der Reihe nach berichten. Vordergründig scheint es zunächst nur um eine Einschränkung der ständig ins Land gepumpten Güllemengen zu gehen. Den strukturverändernden Nebeneffekt sieht man nicht so schnell.

Wasser ist zum Trinken (?) da

Zum Gülle-Erlaß wäre es nie gekommen, wenn das Trinkwasser nicht schlechter geworden wäre. Analysen, Aufregung unter den Bürgern, viel zu hohe Nitratwerte – irgendwann ließ sich die Nitratbelastung des Grundwassers nicht mehr als Panikmache einiger Grüner deklarieren.

Die neuesten Zahlen, die Oberkreisdirektor Bitter am 1. Oktober 1983 dem Kreistag in Vechta vorlegte, stehen nicht in Verdacht, von Umweltschützern zu stammen – sie sind offiziell. Über ein Drittel aller Haushalte im Landkreis Vechta, das sind etwa 35000 Menschen, beziehen ihr Wasser aus sogenannten Hausbrunnen, nicht aus der öffentlichen Wasserversorgung. Diese Brunnen schöpfen aus geringeren Tiefen als die öffentlichen. Deshalb finden sich in diesen Trinkwasserquellen die höchsten Nitratwerte.

Nitrat – so Minister Glup in einem Referat, als er zum Umweltschützer wurde – birgt gesundheitliche Risiken. Im Körper kann aus Nitrat Nitrit werden, vor allem gefährlich für Säuglinge bis zum sechsten Lebensmonat. Der Bundesgerichtshof – so der Minister – habe ein Schadensersatzurteil gefällt, nach dem eine Frau recht bekam, die als Säugling mit Brunnenwasser zubereitete Nahrung aß und einen schweren Hirnschaden, zwei gelähmte Beine und eine spastische Halbseitenlähmung zurückbehielt.

8256 Einzelbrunnen gibt es im Landkreis Vechta. 6981 wurden seit November 1982 untersucht; der Landkreis bietet diesen Service neuerdings kostenlos...

Nur die Hälfte der Brunnen hat unter 90 mg Nitrat pro Liter. Die Hälfte – das sind immerhin fast 3500 Brunnen – hat mehr als 90 mg. Dabei ist dieser »Grenzwert« von 90 mg ohnehin schon eine sehr großzügige Bewertung. Ab 1985 gelten in ganz Europa 50 mg als äußerste tolerierbare Grundwasserbelastung. Dann wären im Landkreis Vechta gerade noch 2260 der untersuchten Brunnen – das ist nur etwa ein Drittel – genießbar!

Gemessen am künftigen Grenzwert von 50 mg, bekommen in der Gemeinde Bakum noch 16%, in Neuenkirchen 20%, in Lohne, Steinfeld und Visbek noch 23% der Haushalte ordentliches Wasser. Auch Brunnen in den größeren Tiefen von zwanzig und dreißig Metern sind inzwischen stark belastet.
Wohngebiete wie Holdorf-Bahnhof – das ist dort, wo wir die nächtliche Ausstall-Aktion am Pohlmann-Stall filmten –, Holdorf-Am Ölberg, Haltern, Hogenbögen und Südfelde weisen fast ausschließlich Nitratwerte um 150 mg pro Liter auf.
Rückschlüsse auf die Ursachen der Nitratbelastung möchte sich Oberkreisdirektor Bitter auch im Oktober 1983 noch nicht erlauben. »...ist zunächst festzustellen, daß auch diese Untersuchungen keine eindeutigen Festlegungen auf bestimmte Kausalitäten in bestimmten Gebieten möglich machen...« heißt es da aus dem Munde des Oberkreisdirektors.
Klug stellt er abschließend fest »...die Aufnahme des Ist-Zustandes... bestätigt die Tatsache, daß das Grundwasser im Landkreis Vechta eine meßbare Nitratbelastung in unterschiedlicher Höhe aufweist. Zu der Frage, ob diese Belastung im Vergleich zu anderen Gebieten vertretbar oder zu hoch ist, kann derzeit keine Aussage gemacht werden...« – Bitter!...
Eine der letzten Zahlen über die Güllemengen in Südoldenburg, die wir fanden, ist eine Schätzung von Professor Windhorst aus dem Jahr 79. Schon damals spricht er von 4 Millionen Kubikmeter jährlich. Während Herr Bitter in Vechta noch nicht weiß, wie das alles so kommt und ob das alles so schlimm ist, unterrichten Minister Glup und Professor Vetter (LUFA, Landwirtschaftskammer in Oldenburg) wie Wanderprediger seit kurzem das ganze Südoldenburger Land über die wissenschaftlich »klar erwiesene Verbindung zwischen Gülle und Nitrat im Grundwasser«.
Vielleicht ist die zögernde Interpretation des Oberkreisdirektors nur – Takt! Taktvoll hatte ja auch eine Podiumsdiskussion im Vechtaer Waldhof – das große Gülle-Gespräch zwischen dem Minister und den Bauern im Spätsommer 83 – ein deutliches Fragezeichen hinter dem Tagungsthema. Obwohl damals alle schon wußten, was der Minister dann auch der Menge zurief ...es ist fünf Minuten vor zwölf..., trug die Podiumsdiskussion (veran-

staltet durch den Oldenburger Heimatbund) den Titel »Überdüngung landwirtschaftlicher Nutzflächen in Südoldenburg?«

Diplomatie in Oldenburg?

Lange stand in dieser Gegend immer ein Fragezeichen da, wenn man von Überdüngung sprach. Noch im Januar 1983 sagt Professor Vetter in einem Vortrag beim Rationalisierungs-Kuratorium für Landwirtschaft: »Die mit dem Vortragsthema gestellte Frage, düngen wir zuviel, muß und kann mit einem klaren Nein beantwortet werden, d. h. nicht, daß überall richtig gedüngt wird. Unterversorgung mit bestimmten Nährstoffen kommt mindestens ebenso häufig vor wie zu hohe Versorgung.«

Professor Vetter, auch Präsident sämtlicher deutscher Landwirtschaftlicher Untersuchungsanstalten, steigerte sich erst in jüngster Zeit in die politikgerechte laute Anklage gegenüber der Gülle. Obwohl er auch früher nie das völlig hemmungslose Güllen propagierte, sind solche Töne von ihm neu: »Wir versündigen uns an unseren Kindern und Enkeln, wenn wir so weitermachen!«

Früher klangen seine Thesen für Bauernohren manierlicher. Sparsamer mit Gülle umzugehen, empfahl er damals vor allem deshalb, weil dann die Erträge noch höher sein könnten und sich Handelsdünger einsparen ließe... Das »mit der Versündigung an den Enkeln« muß eine blitzartige Erkenntnis gewesen sein! Sie kam noch passend zum Gülle-Erlaß.

Die Podiumsdiskussion zum Erlaß war sicher die heftigste Konfrontation zwischen Landwirten und politisch-wissenschaftlicher Macht, die es im Landkreis auf offener Bühne jemals gegeben hat. Etwa vierhundert Leute – die meisten Bauern oder auf irgendeine Weise von der Landwirtschaft abhängig – saßen im Saal und mußten erleben, wie ihnen von oben die Leviten gelesen wurden, obwohl sie jahrelang die Landwirtschaft – und damit das Güllen – so betrieben hatten, wie es »von oben« gutgeheißen, ja gefördert worden war.

Plötzlich schien es opportun, laut herauszusagen, was man seit Jahren schon hätte ändern können. Plötzlich gab es keine wissenschaftlichen Zweifel mehr. Plötzlich gab es ausreichende politi-

Güllekanone – Was der Boden nicht aufnimmt, geht ins Grundwasser ▶

sche Mittel, um die Belastung der Umwelt zu beseitigen. Das waren neue Töne, und die Landwirte – dieser Änderung in der politischen Windrichtung nicht gewachsen – schauten ziemlich verblüfft.
Um die Situation für alle klarzumachen, die nicht in Südoldenburg leben, haben wir die Zitate aus Vorträgen und Diskussionen zusammengestellt.

Professor Windhorst, Abteilung Vechta der Uni Osnabrück: Im Kreis Vechta wären nach dem Gülle-Erlaß 21000 ha landwirtschaftlicher Nutzfläche zusätzlich erforderlich!
Ein Drittel der Gülle stammt aus gewerblicher Tierhaltung.

Professor Vetter, Direktor der landwirtschaftlichen Untersuchungs- und Forschungsanstalt der Landwirtschaftskammer Weser-Ems: Die Gülledüngergaben in Südoldenburg müssen in Zukunft kleiner sein, wenn Schäden an Pflanzen und Gewässern vermieden werden sollen.
Die Konzentration in der Tierhaltung geht in manchen Gebieten zu weit!

Minister Glup: Nicht nur das Wasser der Hausbrunnen ist gefährdet. Über 20% des Wassers aus öffentlichen Brunnen ist belastet – mit zunehmender Tendenz. Einzelne Brunnen im Bereich des Wasserwerks Holdorf (Oldenburgisch-Ostfriesischer Wasserverband) überschreiten die Grenzwerte.
Die höchsten Nitratwerte gibt es in den Gebieten mit dem höchsten Viehbesatz.
Die zuständigen Behörden (Landkreis und kreisfreie Städte) hätten spätestens seit dem 1. 4. 82 entsprechende Verfügungen erlassen können. (Seit dem 1. 4. 82 gilt eine neue Fassung des § 15 im Abfallbeseitigungsgesetz des Bundes.)
Wenn der Erlaß nichts nützt, kommt eine Verordnung, »... dann stehen Sie eines Tages vor den Staatsanwälten! ...«

Vorsitzender Höltermann vom Kreislandvolkverband Vechta: Ich habe mich in jungen Jahren auf Untersuchungen von Professor Vetter verlassen; das hat mich viel Geld gekostet!

Wer alles getan hat, was Politiker und Wissenschaftler in der Vergangenheit empfohlen haben, hat heute keinen Hof mehr! Die durchschnittliche Größe der Betriebe im Kreis Vechta liegt bei 18–20 ha. Diese Betriebe werden in Schwierigkeiten gebracht.

Der CDU-Fachausschuß Agrar und Umwelt: Seit Jahren wird in der Fachberatung – auch seitens der zuständigen Landwirtschaftskammer Weser-Ems – von einem Nährstoffbedarf von bis zu 4,5 Dungeinheiten bei bestimmten Pflanzen ausgegangen. Großbetriebe können mit dem Erlaß leben. Ein 200-Hektar-Betrieb darf nach dem Erlaß doppelt so viele Schweine haben wie zuvor. Ein 20-Hektar-Betrieb muß seine Tierzahlen bis unter die Existenzgrenze reduzieren.

Geschäftsführer Averdam, Kreislandvolkverband Vechta: Die Politiker haben die Vergrößerung der Betriebe gefordert. Sie sind jetzt immer auf dem Wege, dem Großbestandshalter die Kleinen vom Hals zu halten!
Von den 1700 bis 1800 hauptberuflichen Landwirten im Kreis fallen rund zwei Drittel in die Größenklasse der 10- bis 30-Hektar-Betriebe, in die Klasse der kleineren Höfe also.

Den Landwirten blieb letzten Endes nichts anderes übrig, als zu kapitulieren. Mit Schrecken stellten sie fest, daß sie die Geleimten waren. Was sie denn nun tun sollten, wenn sie die Güllemengen plötzlich nicht mehr auf die Felder bringen dürften, wollten sie von Wissenschaftlern und vom Minister wissen.

Professor Vetter: Notwendig sei die Organisation eines überregionalen Absatzes von Mist- und Gülleüberschüssen, insbesondere solchen aus der Geflügelhaltung, die sich über größere Strecken lohnender transportieren lassen als Schweine- oder Rindergülle.

Minister Glup: Man könne seitens der Behörden nicht die Abschaffung der Tiere verlangen. Man könne nur untersagen, zu viel Gülle aufzubringen, verbunden mit der Auflage, die über-

schüssige Gülle abzugeben oder in Lagern zu speichern. Auch er spricht von Gülle-Banken.
Dann verrät er seinen Bauern noch, daß längst Geschäftsleute wegen der Gülleverwertung bei ihm vorstellig werden... er denke Tag und Nacht nach, ob er ein Großtrocknungswerk im Kreis Cloppenburg mit Millionen an Zuschüssen unterstützen solle...

Dazu der *Geschäftsführer Averdam* vom Kreislandvolkverband Vechta: Die Gülleverwertung bevorzuge eindeutig die Großen. Schon jetzt zeige sich, daß Lohnunternehmen, die Gülle wegfahren (zum Düngen in anderen Gebieten), nur Betriebe suchen, die über große Güllemengen verfügen.

Hermann Diekmann, Vorsitzender des Landvolks im Nachbarkreis Cloppenburg: Gülle-Banken, Transportzuschüsse, wie in den Niederlanden, oder industrielle Verwertung der Gülle kommen in erster Linie den Großbetrieben zugute und geben diesen noch Anreiz zur Expansion. Dieser Erlaß bewirkt ja nicht die Bindung an die Fläche – wie es meines Erachtens erstrebenswert wäre –, sondern soll nur die Düngung der Fläche in Ordnung halten, ohne Rücksicht darauf, wo die Gülle herkommt.

Wir fragen uns, ob die vielen Landwirte in Deutschlands Zentrum der Agrarindustrie nun verstanden haben, woher der Wind weht und wie stark er weht. Viele glauben, daß es reicht, wenn sie ihre Gülle im Winter eben heimlich auf die Felder fahren, wenn sie nachts zu große Mengen verschwinden lassen, wenn... nur möglichst lange keiner sie erwischt.
Interessant wäre für jeden von ihnen, möglichst schnell zu ergründen, wer z. B. hinter der »Biona« steckt, jener Firma, die das Güllegeschäft in Südoldenburg haben will. Zu erwarten ist, daß der Gülle-Erlaß und die Angst, Vieh abschaffen zu müssen, dazu führen, bei erster Gelegenheit einer Biona oder einem anderen Gülle-Vermarkter die Hand zum Vertrag zu reichen und die damit verbundene Abhängigkeit geflissentlich zu übersehen.
Wir überlegten uns, daß im Augenblick in Südoldenburg ein

wirklich todsicheres Geschäft zu machen ist: Geld zusammenkratzen und Gülle trocknen. Die Bauern als Kunden hat man – seit dem Gülle-Erlaß – so gut wie sicher!
Die Gefahr der Gülle-Vermarktung haben die Umweltschützer begriffen. Die biologische Schutzgemeinschaft Hunte-Weser-Ems empfiehlt den Landwirten, sofort in eigener Regie die Güllebeseitigung zu beginnen.
Wir fragen uns, ob die Bauern lieber an die Idee der wissenschaftlichen und politischen Führer oder an die Vorschläge der Umweltschützer glauben... Solange sie noch die Wahl haben, können sie sich frei entscheiden.
Andere Südoldenburger Gülle-Geschädigte haben vielleicht schon keine freie Entscheidung mehr. Oberkreisdirektor Bitter beklagt die verhältnismäßig geringe Zahl der Anschlüsse an die öffentliche Wasserversorgung in seinem Kreis. So recht mitfühlen kann er es nicht, daß »Bürger ihr Trinkwasser aus Kostengründen aus Einzelbrunnenanlagen entnehmen, selbst wenn die Wasserversorgungsleitungen an ihrem Grundstück... vorbeiführen«.
Die Städte und Gemeinden im Landkreis haben die Beratung aufgenommen, ob nicht schleunigst ein Anschluß- und Benützungszwang für die öffentliche Wasserversorgung eingeführt wird!

Heil dir, o Oldenburg!

Auch wenn man schon längst nicht mehr mag, die Informationen und Geschichten gehen weiter, wenn man einmal zu recherchieren begonnen hat.
Im Sommer 83 erhält Landwirtschaftsminister Gerhard Glup aus Mittelsten Thüle als einer der dienstältestens Minister in Hannover aus den Händen seines Regierungschefs Albrecht das Große Verdienstkreuz mit Stern. Ernst Albrecht betonte dabei Glups Verdienste um Niedersachsens Naturschutz.
Hinrich Lührssen schreibt dazu im Deutschen Allgemeinen Sonntagsblatt, daß kurz vor der Ordensverleihung die Staatsanwaltschaft Oldenburg Ermittlungen gegen Glup aufgenommen habe, da seit Jahren aus seinem Haus ungeklärte private Abwässer in ein nahes Gewässer gelaufen seien.
Polizeibeamte entdeckten ein Abflußrohr am Ufer der Soeste, das zum Badezimmer des Ministerhauses führt. Minister Glup: Da haben die Handwerker gepfuscht! Außerdem habe er Haus und Grundstück seit Jahren verpachtet. An wen, sagte er nicht gleich. – Pächter ist seine Frau. – Oldenburg lachte.
Da er mit derartigen Witzen großen Erfolg hat, benützt er sie häufiger. Bei einer Diskussion über den Gülle-Erlaß wurde er auf seine eigenen Dünge-Methoden in Mittelsten Thüle angesprochen... wie er es denn mit den Mengen halte? Minister Glup: »Das weiß ich nicht, da müssen sie meine Frau fragen!«

Anton Pohlmann – zum vierten

Da das agrarindustrielle Gebiet Südoldenburgs eigentlich nur zwei Landkreise umfaßt, ist ein großer Boß in dieser Gegend bekannter als seine »Kollegen« in anderen Teilen der Republik. Geschichten gehen schnell herum. Früher war es zunächst nur das auf dem Lande schon immer übliche Durchhecheln der reichen Familien, von denen man in der ländlichen Gemeinschaft eben eine Menge mitbekam. Inzwischen wächst aber auch die Kritik. Vielleicht, weil die gesellschaftspolitische Einsicht durch den alle hier erfassenden Strukturwandel zwangsläufig zunimmt.

Bei unserem Aufenthalt im Landkreis Vechta hörten wir den Song einer einheimischen Rockgruppe. »Quarzzeit« aus Dinklage – das sind fünf junge Musiker mit kritischen Stücken – hat den Titel »Mafia« herausgebracht.
Für den Film »Und ewig stinken die Felder« baten wir Quarzzeit mitzuwirken.
Die Rock-Musiker und alle Freunde fanden, daß sich ihr Auftritt am besten auf einem abgeernteten Maisacker vor der Kulisse einer Hühnerstall-Anlage mit Silos machen würde. Der Sänger der Band, Johannes, kündigte den Titel, der an diesem Tag zum ersten Mal im Freien und im passenden Milieu gespielt wurde, mit diesen Worten an: »Wir pflegen das Mafia-Lied bei unseren Konzerten Anton Pohlmann zu widmen, in dieser Gegend auch ›Mono-Pohlmann‹ genannt.«
Immerhin, so berühmt (oder berüchtigt) ist der Industrielle inzwischen schon, daß er außer »Mono-Pohlmann« noch einen zweiten Spitznamen hat, obwohl wir uns fragen, ob der lustige Begriff Spitzname hier überhaupt angebracht ist.
In Neuenkirchen, in den Kneipen, ist die Rede von »Apo«, wenn es um Anton Pohlmann geht. (Erinnerung an die 60er Jahre! Damals wurde die außerparlamentarische Opposition mit diesem Kürzel bezeichnet.) Pohlmann selber hat der Name offenbar auch gefallen, denn in einer Anzeige fanden wir seine Telexan-

Der Gruppe »Quarzzeit« vor Hühnerställen – Dreharbeiten in Oldenburg

MAFIA

Was ist denn das? Mann, du wirst ja richtig blaß!
Aktion verpaßt, der letzte Tropfen für das Faß.
Wo ist der Wald? In mir wächst der blanke Haß.
Eins ist doch klar! Das ist eine Mafia.
Sonnenklar! Das war die Eiermafia!
Alles klar! Mit Grundbesitz in Kanada.

Weg da, Platz da! Ungeniert ausradiert!
Weg da, Platz da! Ungeniert wegsaniert!
Da wohn' ich lieber in Sizilien,
denn das ist sichrer als der Rest der Welt.

Eins macht sie heiß – Gülle für den ganzen Mais.
Nur der wächst auf so viel Scheiß!
Das macht sie heiß – der Profit um jeden Preis.
Das haben sie gern – diese ehrenwerten Herrn:
Kohlen auf der Bank in Bern!
Haben sie gern – diese ehrenwerten Herrn.

Weg da, Platz da! Ungeniert ausradiert!
Weg da, Platz da! Ungeniert wegsaniert!
Da wohn' ich lieber in Sizilien,
denn das ist sichrer als der Rest der Welt.

schrift: »apoei«. Es ist natürlich auch möglich, daß ihm die Anspielung auf die wilden sechziger Jahre entgangen ist...
Jedenfalls bekommt der fremde Besucher alle diese Hinweise erst, wenn man ein bißchen warm mit ihm geworden ist, wenn klar ist, daß er nicht als Vertreter einer allgemeinen Bauernfeindlichkeit die Bosse der Landwirtschaftsindustrie angreift. Wenn diese Vermutung überwiegt, genießt selbst Anton Pohlmann den alten Schutz ländlicher Solidarität, denn – wie gesagt – daß Leute wie er mit dem Ländlichen ein für allemal aufräumen, diese Erkenntnis ist sehr jung in Südoldenburg, die Kritik deshalb noch nicht voll entfaltet.
Am Anfang unserer Recherchen hörten wir häufiger, der und der weiß gut Bescheid – aber der wird Ihnen nichts sagen! Und dann und dann ist das und das gelaufen, aber das erfahren Sie hier von keinem! Wie immer bei solchen Unternehmungen, muß zunächst mal die Einsicht in die Motive der Fragenden möglich sein, und die Motive müssen überzeugen!
Ein Gemeinderatsmitglied von Neuenkirchen, Richter Prüllage, meinte, wir sähen wohl überall heimliche Verschwörungen? Sein Kommentar über die Stellung des Agrarindustriellen in der Gemeinde: »Anton gehört eben dazu.« Daß an dieser Aussage ein gutes Teil wahr sein muß, merkt man in Gesprächen mit Kirchgängern. Es wird betont, daß Anton Pohlmann sonntags die katholische Messe seiner Heimatgemeinde besucht, was ihm als Zeichen positiver Gesinnung zumindest von einem Teil der Dorfbewohner ausgelegt wird.
Der Gemeindedirektor Wienhold ist zusammen mit dem Ehepaar Pohlmann im Kegelclub. Was soll man in einem solchen Fall groß an gesellschaftspolitischer Kritik erwarten?
Schlimmer kommt uns vor, daß ein Mitglied der Polizei ganz deutlich sagt, die Landkreisbehörden müßten auf jemanden von Pohlmanns Kaliber eben Rücksicht nehmen... Dem Polizisten selber gefällt das gar nicht.
Eine Geschichte, die in dieser Gegend gerne zum besten gegeben wird, ist die Frühjahrswanderung mit dem Heimat- und Verschönerungsverein Neuenkirchen. Es war laues Maiwetter, ein Oberforstrat führte die Gruppe durch die Felder und Wälder. Anton Pohlmann und eine seiner jüngeren Töchter wanderten mit. Der

Oberforstrat machte die Naturliebhaber vom Heimat- und Verschönerungsverein aufmerksam, daß gerade die Eichen blühten – ein herrlicher Anblick. »Auch Anton P. blieb stehen und hob ergriffen sein Antlitz den Baumkronen entgegen«, erzählte uns jemand, der dabei war. Die anderen Wanderer sahen sich betreten an. –

Seit Wochen waren die Zeitungen voll von Berichten über die Pohlmannschen »Eichen-Kill-Aktionen« im Burgwald von Dinklage! Wegen der dort vernichteten alten Eichenbäume gab es Bürgerdemonstrationen und erbitterte Proteste gegen Anton Pohlmann. »Gesagt hat aber niemand etwas, man ist da einfach zu feige«, erzählte uns der Beobachter der Szene bei den blühenden Eichen. (Über die Zerstörung des riesigen Erholungsgebietes um Burg Dinklage berichten wir später in einem eigenen Kapitel.)

Braucht man einen bestimmten Charakter, um Agrarindustrieller zu werden, oder bekommt man den zwangsläufig, wenn man Agrarindustrieller geworden ist?

Einmal stehen wir vor einem Pohlmann-Betrieb, um einige Aufnahmen zu machen. Eine Frau geht vorbei und ruft uns zu: »Da müssen Sie mal herkommen, wenn alles voll Dreck ist. Das ist schrecklich, wie das stinkt und staubt!« Wir wollen die Frau filmen.

Wie in einem sizilianischen Dorf reißt sie die Arme vor das Gesicht. »Ihr dürft mich nicht filmen! Wenn der mich auf dem Bild sieht, verlier' ich sofort die Stelle. Ich brauch' aber das Geld! – Der geht über Leichen.« (Das mit den Leichen sagt sie zweimal.)

Angst hat die Türkenfamilie, die zunächst mit uns sprechen will, um über die Arbeitsbedingungen in den Pohlmann-Farmen zu erzählen. Eine Vertrauensperson aus der evangelischen Kirche hatte den Termin vermittelt. Am Nachmittag vor dem Besuch kommt ein Kind der Türken und sagt ab. Am nächsten Morgen, als wir doch bei den Türken reinschauen wollen, ist die ganze Sippe spurlos verschwunden und taucht bis zum Abend nicht wieder auf. Die Türken hatten dem evangelischen Gemeindemitglied vorher häufig von hygienischen Mißständen, viel zu geringen Löhnen und unbezahlten Arbeitsstunden berichtet.

Modernes niedersächsisches Bauernhaus – agrarindustrielle Periode

Die Pohlmann-Villa am Rand von Neuenkirchen ist ein ausgesprochener Klotz auf einem üppig bemessenen Terrain. Am Rand des Geländes steht noch ein kleineres Betriebsgebäude (für die Kükenaufzucht, wie wir hörten). Und da gibt es öfter Neuenkirchener, die den reichsten Mann im Dorf morgens um sechs Uhr in Gummistiefeln und grauem Kittel vor diesem Gebäude eigenhändig Hühnerkadaverteile in einen Container schippen sehen. – Fleiß des Landmannes? – Oder die schon erwähnte Sparsamkeit, das Kosteneinsparen?

Mein Jesus, Barmherzigkeit

Am Dümmer-See im Südosten des Landkreises gibt es ausgezeichnete Räucheraale. Die Dümmer-Aale sind in der ganzen Bundesrepublik bekannt. Ebenso das Vogelparadies rund um den See – ein Naturschutzgebiet. Nach Aal und Krabben wollen wir uns die Gegend näher ansehen, denn neben diesen erfreulichen Dingen gibt es hier noch etwas anderes: die meisten Schweine!

Rüschendorf, Kemphausen, Damme – ein Zentrum der Schweinemast. Entlang den Straßen ziehen sich schier unendlich die Maisfelder. Zum Teil sind sie schon abgeerntet. Auf freien Flächen – Güllekanonen. Mißtrauisch wird jedem Wagen mit fremder Nummer nachgeschaut. Wir machen uns den Spaß, die Bauern auffällig bei ihrer Arbeit zu beobachten. Sie werden sichtlich nervös. Statt zu überholen, fahren wir mal diesem, mal jenem Traktor nach.

Die Nervosität steigt. Als wir anhalten, weil wir einige Fotos machen wollen, ist es ganz aus... »Haut gefälligst ab. Ihr seid sicher so ein paar Grüne...« Und weil wir uns auch noch auf einem Acker, auf Privatgelände befinden, kommen von drei Seiten Traktoren mit frisch gefüllten Güllekanonen auf uns zu. Ein überzeugendes Argument. Wir ziehen uns zurück.

Erntemaschinen, Traktoren, Güllekanonen, Maisfelder. Es wird fleißig geschafft. Alle paar Kilometer ein Miniaturhain. Zwei, drei Bäume, einige Büsche umrahmen ein mächtiges Kreuz. Lädiert und traurig betrachten die zahlreichen Corpus Christi das Treiben. »Herr erbarme dich unser...« Gebetshäuser, kleine Privatkapellen, »Mein Jesus, Barmherzigkeit!« Ja, die Menschen hier sind fromm. Katholisch.

Hinter jedem Haus eine kleinere oder größere Mastanlage. Kaum einer, der nicht haupt- oder nebenberuflich Schweine mästet. Rechtsanwälte, Veterinäre, ja sogar der Besitzer eines Fitness-Centers soll eigene Schweineställe besitzen. – Ob er wohl besonders muskulöse Tiere zieht?

Eine architektonische Besonderheit fällt auf und zeigt den Reichtum und das Selbstverständnis der Bevölkerung. Riesige, weit vor das Dach gezogene Dachgauben aus reich verziertem Fachwerk, oft durch geschnitzte Holzpfeiler gestützt, beherrschen die Fassaden der großen Villen und bäuerlichen Wohnhäuser. Um die Jahrhundertwende soll diese lokale Herrenarchitektur in Mode gekommen sein. Und wir finden Neubauten mit denselben Elementen. Es wirkt aufgesetzt, protzig, neureich.
In Damme eine Kirche aus dem 13. Jahrhundert, fast ein Dom. Wir gehen erst mal ins Café. Hier wie überall in bundesdeutschen Cafés am späteren Nachmittag – alte Damen und Hausfrauen beim Plausch. Rote Gesichter über dampfendem Kaffee. Sahnetorten. Ein paar Schüler üben »Zigaretten-Rauchen«. Kleine Flirts.
In Damme soll – einmalig in Norddeutschland – schon seit Jahrhunderten Karneval gefeiert werden. Wir schauen in die Zeitung. Ein Dreispalter. Fritz Enneking, der berühmte Rechtsanwalt, bereitet als Karnevalspräsident der Dammer Karnevalsgesellschaft von 1614 die neue Saison vor. Massig und derb sieht er aus, der Präsident.
»Wie ist das hier mit dem Karneval?«
»Im übrigen Deutschland weiß das ja keiner«, erzählt die Bedienung, »aber hier kommen sie aus der ganzen Gegend. Drei Tage wird durchgefeiert. Der Umzug dauert mehrere Stunden... zweimal machen wir den. Und die Wagen werden alle aus eigener Tasche bezahlt. Da schließen sich dann ein paar Leute zusammen, und die machen einen Wagen. Die fangen schon Monate vorher damit an. Das ist ganz schön teuer. 4–5000 Mark ein Wagen!« –
Die Dammer streiten sich mit den Kölnern, welcher Karneval denn nun älter sei. Für die Dammer keine Frage! Und weil sie schon eine Woche vor den Kölnern das närrische Treiben richtig beginnen, beten sie am »Dammeraschermittwoch« zum Ausklang ganz offiziell, daß auch der Karneval ihrer jüngeren Kölner Narrenbrüder gelingen möge.
Noch einmal streifen wir durch die südöstliche Ecke des Landkreises Vechta. – Rüschendorf. Die Güllehochburg. – Beliebtes Gesellschaftsspiel: Schwarzbauen. Der freie Raum zwischen

zwei oder auch drei existierenden Ställen wird flink überdacht – zwei neue Ställe. Hinter einer Halle ein kleiner Anbau – 50 Mastplätze mehr. Die Fassade eines alten Stalles bleibt stehen – dahinter verbergen sich zwei neue. Und wem fällt es schon auf in dem Gewirr der vielen Dächer?
Einer fällt auf.
In Kemphausen plötzlich ein großes Areal, umzäunt mit Hunderten von Stahlgaragentoren. Es sieht aus wie an der Mauer zur DDR. Der Stacheldraht fehlt. Keine Wachtürme, keine Selbstschußanlagen. Hineinsehen kann man nicht.
Wir fahren um das Gelände herum. Hinten zum freien Feld steht ein Tor offen. Dutzende flacher Lagerhallen. Das Gelände betoniert. Kein Mensch zu sehen. Es stinkt. Süßlicher Schweinegeruch mischt sich mit den scharfen Dünsten der Gülle. Dieser Mäster in Kemphausen hält hier allein 10–15 000 Schweine.
Jetzt wundert es uns nicht mehr, daß das Naturschutzgebiet rund um den Dümmer-See gefährdet ist. Einige Pflanzen und Vögel gibt es nicht mehr. Die munteren Fische im Wasser sind seltener geworden. Denn die Dammer, Rüschendorfer und Kemphausener Bauern müssen die Gülle schließlich loswerden. In diesem feuchten moorigen Gebiet geht der Dreck schnell ins Wasser und sammelt sich im See. Ungern erinnern wir uns an den »leckeren« Aal. Ein Glück nur, daß die meisten Dümmer-Aale inzwischen aus Polen kommen – Hoffentlich haben wir einen von drüben erwischt!

Dann gnade uns Gott – was mit den Bauern passiert...

Dr. Akkermann von den Umweltschützern berichtet über einen Skandal, der im Schweinezentrum, nicht weit von Damme, die Gemüter erregte:

Was diesen Betrieb angeht, so hatte der eine ganz interessante Art der Güllebeseitigung entwickelt ..., und zwar wurde da ein Bach verrohrt, »abwinkelnd« verrohrt, unter dem Betriebsgelände eines Großmästers. Dann knickte das Rohr unterirdisch noch mal ab und tauchte rechtwinklig, wiederum abknickend, aus völlig anderer Richtung in einem offenen Gewässer auf. Keiner konnte also ahnen, daß ausgerechnet der zur anderen Seite hin gelegene Betrieb als verantwortlicher Gülle-Ableiter hier eine Rolle spielt. Das ist uns erst später aufgefallen. Die nachts herausdrängenden großen Fluten lackschwarzer stinkender Brühe konnten nur von dort kommen. Es war Schweineüberstandsjauche. Die Gefäße, die Drei-Kammer-Systeme, waren vollgelaufen, und dann wurden einfach die Schotten aufgemacht! Dann lief der Überstand oben raus... in die Oberflächengewässer. Diese Dinge beschäftigten auch die Oldenburger Polizei und Gerichte. Also, ich möchte sagen, nahezu täglich bis wöchentlich... schwere Vorfälle.

Das ist ja letztlich Gewässervergiftung, die heute kriminell eingestuft wird. Nach dem Strafgesetzbuch ist das also kein Bußgelddelikt, sondern eine kriminelle Straftat. Mit anderen Worten, die erwischten Güllesünder sind vorbestraft.

Es ist ja so, wenn Sie 15000 Schweine da liegen haben – mehretagig! –, dann können Sie sich eigentlich nicht mehr guten Herzens als Landwirt bezeichnen. Sie können sich als Kloakenfahrer bezeichnen, als Güllebeseitigungsunternehmen.

Man fragt sich, was der mehr macht. Ob er mehr Schweine mästet oder mehr die Gülle wegfährt. Das sind kaum vorstellbare Dimensionen! Schon bei 1000 Schweinen haben sie viel Arbeit zu erbringen, um die Tiere satt zu bekommen, die Ställe zu reinigen und die hygienische Situation im Griff zu behalten.

Direktleitung in den Bach – Naturschützer auf der Pirsch

Blitzschnell greift ein Massensterben um sich, wenn die Schweinepest ausbricht. Da wird kräftig vorgebeugt oder sogar versucht, Versicherungen zu betrügen oder die Tiere noch zum Schlachthof zu bekommen. Die prophylaktische Verabreichung von Antibiotika und schwer nachweisbaren Tierarzneimitteln aller Art über Futter und Spritze ist für die menschliche Gesundheit nicht ungefährlich.
In dem erwähnten Fall haben wir mit dem Betriebsinhaber sprechen wollen. Dazu ließ er es aber nicht kommen. Die Gülle fuhr er im Pendelverkehr auch wintertags auf die Flächen. Auch das halten wir für eine völlig unerträgliche Situation. Gülle, die über gefrorenem Boden verteilt wird, läuft oberflächig in die Gräben ab oder gefriert. Infektiöse Salmonellen werden verweht und können über die Atemluft wieder in die Körper der Tiere, natürlich auch der Menschen, gelangen.
Jetzt haben wir gerade einen Fall aus Emstek, da sagt eine Anliegerin, sie könnte ihre Wäsche nicht mehr aufhängen, es stinke im ganzen Haus. Rund um ihr Haus herum sind die Gülletrecker, Zwei- bis Vierachser fahren da schon mit schwerstem Tankgerät und güllen sie förmlich ein!
Wie gesagt, dieser vorhin erwähnte Hof ist ein Beispiel dafür, was man überbordende Industrie-Tierhaltung nennen könnte. Da ist nichts Gesundes mehr dran! Ich weiß nicht, wie man das nennen soll... ob es Geldgier ist, oder weshalb jemand sich in dieser Dimension Tiere hält. Ich verstehe das nicht! Ich meine, man kommt mit 2000 Schweinen gut hin. Man kann leben mit der Familie... man muß nicht 15000 haben.
Nitrat kann ja nun jeder mit einem Testblättchen in seinem Trinkwasser feststellen, während Schwermetalle und andere Schadstoffe nur schwer nachweisbar sind. Diese Probleme müssen jetzt politisch angegangen werden. Die Politiker im Bundestag und im Landtag sind jetzt am Zuge. Den Landwirten selbst ist das nicht anzulasten, nachdem man ihnen immer gesagt hat, ihre Betriebe so umzurüsten. Ratschläge in dieser Richtung wurden lange Zeit von den Landwirtschaftlichen Untersuchungs- und Forschungsanstalten (LUFA) gegeben.
Man muß hinzufügen, daß es letztlich doch eine ganze Reihe vernünftiger Landwirte gibt, die nur die Schwellenangst zur Zusam-

menarbeit mit uns verlieren sollten. Wir planen ein Projekt mit mehreren Landwirten zur gemeinsamen Aufbereitung von Gülle in kleinen betrieblichen Einheiten. Es sollen 10 bis 15 kleinere bis mittlere Betriebe bewirtschaftet werden, die Gülle so behandeln, daß 10% Eiweiß und getrockneter Primärschlamm zurückgewonnen werden. Belüftung mit biogasangetriebenem Gebläse ist erforderlich. Ausgereift ist inzwischen bereits ein Strohkompostierverfahren. Das Bestreben einer großen Firma, die im Cloppenburger Industriegebiet ein zentrales Gülleauffang-System errichten will, ist für unsere Schutzgemeinschaft keine Lösung des Gülleproblems. Südoldenburg und auch noch das halbe Holland sollen nach deren Vorhaben von der Gülle befreit werden, aus der dann »saudiarabischer Kompost« gemacht wird. Das ist ein Plan, der höchst problematisch ist!
Die Landwirte würden sich wiederum in Abhängigkeit von einen auf Gewinn orientierten Markt begeben. Würde von den Gülle-Abnehmerfirmen falsch gewirtschaftet, ein Konkurs erfolgen – vielleicht müßten die Landwirte morgen schon zuzahlen, wenn sie ihre Gülle zentral abliefern wollen – dann gnade uns Gott ... was dann mit den Bauern passiert! Sie sollten ihre Gülle um Himmels willen nicht vermarkten lassen, sich nicht einem Lieferantenzirkel anschließen, sich verpflichten, ständig eine Mindestmenge Gülle abzuliefern. Man nimmt sich selbst jeden Entscheidungsspielraum! Es sieht zunächst nach Entlastung aus, in Wirklichkeit ist das eine noch stärkere Reglementierung.
Auch die zentralen Auffangbecken nach holländischem Muster lösen das Mengenproblem ebensowenig wie die vielen Güllelagunen, das sind kleine Schwimmbäder aus Folie zur Winterlagerung der Gülle. Davon halten wir gar nichts, wenn sie die freie Landschaft durchsetzen. Die Probleme der Gebiete mit hochverdichteter Massentierhaltung lassen sich nur lösen, wenn die Bestände um 10 bis 80% abgestockt und die gesunden kleinbäuerlichen Mischbetriebe besonders geschützt werden.
Das kann nur geschehen, wenn durch bundes- und landesgesetzliche Änderungen diesen Betrieben ein Vorpacht- und Vorkaufsrecht für Agrarland eingeräumt wird. – *Darum sagen wir:* In kleineren Einheiten ist die Gülleaufbereitung durchzuführen. Dorthin müssen auch die Zuschüsse gelangen.

Lieber wäre ich ganz rausgegangen aus der Landwirtschaft...

Viele junge Leute – vor allem die kritischen – sind in den letzten zehn, fünfzehn Jahren aus der Landwirtschaft in andere Berufe abgewandert. Erst seit Anfang 1983 bildet sich in Südoldenburg eine agrarpolitische Opposition: Jüngere Landwirte gründeten einen Arbeitskreis und schlossen sich der im Bundesgebiet bereits bekannten Bauernblatt-Gruppe an. Sie sind erklärte Gegner der Agrarindustrie. Privat versuchen sie, einen individuellen Weg zu finden, um in der Landwirtschaft zu bleiben und sich dennoch gegen die Konzentration und den Strukturwandel zur Wehr zu setzen.
Mit drei jungen Landwirten der Bauernblatt-Gruppe Weser-Ems sprachen wir an einem Nachmittag in Dinklage.

Karl-Heinz Hanken: Ich komme aus Goldenstedt, Kreis Vechta, habe Landwirtschaft studiert an der Fachhochschule und als Zweitstudium Sozialwissenschaften gemacht, und ich habe mich schon während des Studiums intensiv mit der Agrarindustrie beschäftigt. Unter anderem habe ich bei einem Film mitgemacht, der diese Problematik zum Ausdruck bringt (WDR), habe Kontakt zu den Bauernblatt-Leuten gekriegt und bin eigentlich so im Laufe der Zeit zu der Erkenntnis gekommen, daß diese Entwicklung in der Landwirtschaft in eine Sackgasse hineinläuft. Weil die kleinen Höfe aufgeben müssen und nur einige große industrielle Betriebe Überlebensmöglichkeiten haben.
Das hat für mich auch persönliche Konsequenzen gehabt, und zwar in dem Sinne, daß ich den kleinen Betrieb, den elterlichen Betrieb von etwa acht Hektar, übernommen habe und dort versuche, einen ökologischen Landbau aufzubauen. Weil dort noch wichtige Sachen zu verwirklichen sind... die Direktvermarktung, der direkte Bezug zu dem Verbraucher... man kann also zum Teil Preise selber mitbestimmen...

Frage: Was baust du in deinem Betrieb an?

Getreide, Kartoffeln und Gemüse im wesentlichen. Dann werden ein paar Schafe gehalten und auch einige Schweine. Diese Produkte werden weitgehend direkt abgesetzt an sogenannte Einkaufsgemeinschaften – Food Coops – oder auch an Naturkostläden, Bio-Läden. Teilweise kommen die Leute auch selbst auf den Hof.

Frage: Kannst du davon schon existieren?

Das läuft jetzt seit zwei Jahren, wir kommen jetzt ins dritte, und im letzten Jahr sah es so aus, daß ich vielleicht ein monatliches Einkommen von achthundert Mark aus dem Hof erwirtschaften konnte. Das ist noch relativ wenig, aber da läßt sich noch einiges machen. Jetzt bin ich gezwungen, nebenbei noch Bildungsarbeit oder sonstige Veranstaltungen zu machen, um etwas Kohle reinzukriegen.

Wilfried Makollus: Ich bin Landwirt, habe eine landwirtschaftliche Lehre gemacht, anschließend zwei Semester Landwirtschaftsschule in Diepholz (Nachbarkreis von Vechta). Danach ein Jahr zu Hause auf dem Betrieb, danach zwei Semester Höhere Landbauschule. Hab' da meinen SGL, also staatlich geprüfter Landwirt, gemacht und hinterher noch die Meisterprüfung, und seit dem Zeitpunkt bewirtschafte ich den elterlichen Betrieb in Dönsel, das ist in der Samtgemeinde Rehden, ein bißchen nördlich von Diepholz.
Ich sehe es auch so wie Karl-Heinz... daß diese Entwicklung der Landwirtschaft in eine Sackgasse führt.
Ich habe das eigentlich persönlich – im eigenen Betrieb – miterlebt. Zur Schulzeit, im Alter von dreizehn, vierzehn Jahren, hatten wir zwölf Milchkühe auf dem Betrieb, fünfzig Mastschweine, und... man konnte davon sehr gut leben. Meine Eltern haben den Betrieb gemacht, und es war auch noch Zeit für Familie und so weiter da.
Inzwischen ist der Betrieb derartig gewachsen... Einmal ist die Fläche vergrößert worden... wir haben jetzt knapp 70 ha, 50 ha Eigentum, zwanzig sind inzwischen zugepachtet. Dann ist vor zwölf Jahren das Milchvieh aufgestockt worden auf 38 Milch-

kühe mit der gesamten Nachzucht, dann ist Bullenmast im Betrieb aufgenommen worden – wir haben immer so zwischen 25 und 30 Tiere im Stall – und vor zwei Jahren sind wir dann noch in die Schweinemast eingestiegen, 400 Mastplätze.
Jetzt sieht es tatsächlich so aus, daß wir arbeitsmäßig also wirklich am Ende sind! Da darf schon keiner mehr in der Familie ausfallen!

Frage: Wie sieht das bei euch im Alltag aus?

Meine Eltern arbeiten noch voll mit, Mutter macht das Melken, Vater und ich füttern, und alles, was in der Außenwirtschaft passiert, auf dem Acker, mach' ich. In der Ernte macht Vater noch einiges. Alles, was mit Schleppern und Geräten zu tun hat, mach' ich.
Wir haben noch 5 bis 6 ha Kartoffelanbau, Stärkekartoffeln, das ist eine relativ intensive Kultur, wo man sehr viel Arbeitsaufwand noch hat gegenüber Getreide. Und insofern kommt es sehr oft vor, daß ich – gerade in der Frühjahrsbestellung oder in der Ernte, Kartoffelernte – durchaus sechzehn, siebzehn Stunden in eins mache.
Der Arbeitsablauf ist so, daß um fünf aufgestanden wird. Dann fahren die Eltern im Sommer zum Melken, weil die Kühe da ganztägig auf der Weide laufen, ich versorg' dann zu Hause Bullen, Schweine und mach' anschließend meine Ackerarbeit. Wenn es in der Ernte notwendig ist, dann wird eben abends bis zehn oder sogar bis zwölf gemacht.

Frage: Was hat euch die Erweiterung des Betriebes gebracht, außer mehr Arbeit?

Es ist so, daß wir eigentlich ganz gut klarkommen... wir haben ein angemessenes Familieneinkommen, wir können gut davon leben... Nur, es ist so, daß dieser Kapitalaufwand, der jetzt in den letzten Jahren noch getätigt wurde durch die Aufstockung, so stark ist, daß wir keine Möglichkeit haben, die Sache zu stoppen. Wir müssen jetzt weiter... um eben die Belastung tragen zu können.

Frage: Mußtet ihr denn aufstocken?

Die Aufstockung der Milchkühe war notwendig, ohne das konnten wir nicht weitermachen... Schweine?... Na ja, irgendwas mußte da auch gemacht werden. Nun muß man sehen, daß die Eltern auch mal in den nächsten zehn Jahren nicht mehr so mitarbeiten können. Von daher hab' ich mich entschlossen, in die Schweinemast einzusteigen, weil da der Arbeitsaufwand wesentlich geringer ist als bei den anderen Produktionszweigen. Ich bin also davon ausgegangen, daß der Arbeitsaufwand der Milchviehhaltung in Zukunft vielleicht nicht mehr zu bestreiten ist.

Frage: Mußt du in Zukunft noch mehr aufstocken?

Das kann man jetzt noch nicht sagen. Man weiß ja nicht, was von der EG, von den EG-Marktordnungen, auf uns zukommt. Es wird sich einiges auf dem Milchsektor tun... Getreide?... da wird was kommen... und man sieht ja jetzt schon, wie es auf dem Schweinesektor aussieht.
Wenn man davon ausgeht, daß das Tal bei den Agrarpreisen über längere Zeit bleibt, dann könnte durchaus sein, daß man nicht mehr mit den Kapazitäten auskommt. Es ist bloß vom Arbeitsaufwand gar nicht mehr möglich, daß man da noch was macht. Da müßte man einen Betriebszweig dichtmachen, zum Beispiel Milchviehhaltung, dann werden natürlich einige Arbeitskapazitäten frei, man könnte dann mehr in die Schweinemast einsteigen.
Obwohl... von meinen Neigungen her... bin ich der Meinung, daß auf einem landwirtschaftlichen Betrieb doch, soweit, wie es arbeitsmäßig drinsitzt, Milchvieh sowie Schweine gehalten werden sollen! Das ist meine persönliche Meinung. Und ich möchte auch, solange es geht, Milchvieh im Betrieb lassen. Nur, Aufstockung ist da nicht mehr drin! Entweder – man hat ein vernünftiges Familieneinkommen jetzt... bei der Größe... Ansonsten müßte man sich überlegen, was zu machen wäre.
Höchstens aufstocken und spezialisieren... Gerade auf dem Schweinesektor läßt sich ja von der Technik sehr viel machen, man kann sehr große Einheiten mit wenig Arbeitsaufwand hal-

ten... Nur, man muß ja erst mal abwarten, was sich auf dem Schweinesektor tut. Ich sehe das so, ...wenn jetzt auf dem Milchsektor keine Aufstockung mehr möglich ist durch eine Quotenregelung, die wahrscheinlich auf uns zukommt, daß dann doch manch einer auf den Schweinesektor abspringt!
Wenn man mal mit Betriebsleitern aus den Getreidegegenden... so wie Hildesheim... spricht... da haben die sich doch auch schon mit dem Gedanken befaßt, eventuell das Getreide, das dort produziert wird, zu veredeln... Über das Mastschwein! Ein paar Ställe sind auch schon gekommen... das kann natürlich ganz böse Folgen auf dem Schweinesektor haben.

Engelbert Boeske: Ich habe eine landwirtschaftliche Lehre gemacht... und am Ende der Lehre war es schon so, daß ich das aufgeben wollte, die Landwirtschaft, vor allem aus gesundheitlichen Gründen. Es ist bei vielen in der Landwirtschaft so, daß Rückenbeschwerden da sind, da man eben schon sehr zeitig mit der Arbeit anfängt, was der junge Mensch wohl noch nicht so aushalten kann.
Dann bin ich ein Jahr zur Berufsaufbauschule nach Osnabrück gegangen, mit dem Hintergedanken, Agraringenieur zu machen, aber es sah eigentlich schon zu der Zeit so aus, daß Agraringenieure zum Straßenpflastern da waren. Viele haben nach dem Studium sofort wieder umgeschwenkt. Ich bin dann noch auf der Handelsschule gewesen... da käme an sich eine kaufmännische Ausbildung in Frage.
Damals war Vater gesundheitlich nicht sehr gut drauf – also zurück in den Betrieb... mit halber Kraft... nebenbei Handelsschule. Dann Bundeswehr. Danach bin ich dann irgendwann ganz auf den Hof gegangen und hab' den erst mal ein paar Jahre mehr oder weniger konventionell betrieben, aber immer schon mehr mit einem schlechten Gewissen.
Unser Betrieb – also knapp 20 ha – hatte vor über zehn Jahren schon die Milchkühe aufgegeben und dann zwanzig, dreißig Sauen gehalten und Kälber aufgezogen zur Mast. Das ist sehr wenig für einen Betrieb, um davon Ein- und Auskommen zu haben. Die Entscheidung, einen Maststall zu bauen, in die Bullenmast einzusteigen, das war nicht nach meinem Sinn. Ich sah eigentlich

schon, daß die Landwirtschaft, wie sie da betrieben wurde, keine Möglichkeit für mich war. Lieber wäre ich ganz rausgegangen!
Dann hab' ich angefangen, über biologischen Landbau zu lesen und mich zu informieren... und das war der Zeitpunkt, als der Karl-Heinz Hanken vom Studium zurückkam und mit dem biologischen Anbau angefangen hat... jedenfalls hab' ich mich dann auch entschlossen, auf einmal alles umzustellen. Bloß eine Fläche – weil der Vater immer sagte, wie sieht das aus... mit dem Unkraut! – die blieb dann noch konventionell.
Jetzt ist der Betrieb im dritten Jahr biologisch bearbeitet. Schweine habe ich nicht, das hat politische Gründe, warum ich das bisher ablehne. Ich hab' Rinder. Wir lassen die Färsen abkalben, ziehen die Kälber in Ammen-Kuhhaltung auf und mästen. Ein paar Pferde haben wir nebenbei noch, die waren seit Generationen immer da. Das ist mehr ein Hobby... obwohl ich immer noch denke, daß die vielleicht leichte Arbeiten auch noch wieder machen können.
Vielleicht nehme ich auf die Dauer doch ein paar Schweine mit rein... auf jeden Fall Hühner, daß ich den geschlossenen Kreislauf auf dem Betrieb hab', damit alles, was auf dem Betrieb anfällt, auch die Abfälle, da verwertet wird und daß von außerhalb nichts reinkommt... Wir bauen noch Getreide an. Die Vermarktung ist unproblematisch... da gibt's auch in Goldenstedt einen Bäcker, der nimmt einen großen Teil ab... das geht ganz gut.

Eins, zwei, drei – wer kriegt das Land?

Die Bauernblatt-Gruppe, zu der die drei jungen Landwirte gehören, nennt sich agrarpolitische Opposition. Wer mit ihnen spricht und mit Vertretern des offiziell eher konservativen Landvolkverbandes, erkennt, daß man sich in wesentlichen Punkten inzwischen durchaus nähergekommen ist. Der Landvolkvorsitzende der Gemeinde Neuenkirchen, Landwirt Erdbrügge, lebt mit seiner Familie auf einem prächtigen alten Hof. Über 700 Jahre schaffen die Erdbrügges auf diesen Flächen, bestellen sie den Boden, ziehen sie Tiere auf.
Warum in Südoldenburg der Kampf um die Hektare im vollen Gang ist, warum die Pachtpreise in astronomische Höhen steigen, erklären uns die Erdbrügges in der gemütlichen Halle ihres erst kürzlich restaurierten Fachwerkhauses:

Herr Erdbrügge: Die Pachtpreise liegen zwischen siebenhundert und tausend Mark je Hektar, und für mich ist es so, wenn ich zupachte, muß ich auch von dieser Fläche die Pacht wieder erwirtschaften. Das braucht der Industrielle nicht. Sie pachten nicht, um einen Ertrag zu erwirtschaften oder einen Verdienst von der Fläche zu haben.

Frage: Warum pachten die denn zu?

Frau Erdbrügge: Um die Gewerbesteuer zu sparen. Man darf ja nur auf soundso viel Hektar eine bestimmte Anzahl Vieh haben... und wenn man mehr Vieh hat, dann kommt man ins Gewerbe, muß Gewerbesteuer zahlen. (Anmerkung: Man gilt dann eben nicht mehr als Landwirt.) Familienbetriebe, die sich gerne vergrößern möchten, denen werden dann von diesen Agrarindustriellen die Flächen weggepachtet, weil die eben die höheren Preise zahlen können... und es ist so schade mitanzusehen, wie nach ein paar Jahren diese Flächen aussehen.

Es wird Mais, Mais, Mais angebaut. Die Flächen verquecken. Es kommt denen ja, wie gesagt, nicht auf den Ertrag an. Es kommt denen nur darauf an, daß sie die nötigen Hektare haben, und der Bauer, der vielleicht was runterwirtschaften könnte, ja, der muß da zugucken und kann eben nichts machen.

Frage: Hat sich da die Meinung der Bauern geändert? Was Sie da sagen, könnte man fast so von jungen Alternativen hören. –

Frau Erdbrügge: Wir bauen auch Mais an, das gehört heute einfach zum landwirtschaftlichen Betrieb dazu, aber wir haben doch noch eine vernünftige Fruchtfolge, da kommt auch mal Getreide drauf. Aber für die Agrarindustriellen ist Mais am problemlosesten. Der wird vom Lohnunternehmen draufgesät, der wird vom Lohnunternehmen wieder geerntet, und dazwischen ist eben nichts! Die Liebe zum Boden . . . die ist weg. Wir haben als bäuerlicher Betrieb eine ganz andere Beziehung zu unseren Flächen.

Frage: Wir laufen herum und sehen Ihre schönen alten Bäume. Würden Sie die heutzutage einfach abschlagen?

Frau Erdbrügge: Vor zehn Jahren, muß ich sagen, waren wir dazu bereit. Da haben wir hier eine neue Wagenremise gebaut, da standen uns ein paar Eichen im Wege, da wurde gar nicht lange gefackelt, die wurden gefällt . . . Da war auch eine sehr dicke Eiche darunter, das hat uns ein bißchen weh getan . . . aber als sie dann lag, sahen wir, daß sie von innen hohl war . . . also, sie war reif, sie mußte runter.
Wir haben jetzt in den letzten beiden Jahren hier unser Haus umgebaut und brauchten etliches Holz dafür. Der Sägebetrieb hatte uns altes Holz geliefert, denn fürs Fachwerk braucht man abgelagertes Holz, und wir hatten ihnen dann unsere Eichen, die wir noch hatten, zugesagt. Die durften sie fällen.
Und als es nun soweit war, und er kam . . . wann darf ich die runterholen? . . . da kam unser Sohn und sagte . . . ach, ich weiß nicht, wollt ihr die nicht stehenlassen? . . . Und dann haben wir uns eben dazu entschlossen, das Holz zu kaufen und haben unsere eigenen Bäume stehenlassen. Weil man doch ein bißchen wacher gewor-

Dem Mais geht's gut – wie geht's den Bauern?

den ist, eben nicht mehr so ohne weiteres Raubbau treiben möchte.

Man muß aber auch auf der anderen Seite sagen, jeder Baum ist auch mal reif! Jeder Eichbaum muß mal fallen. Man darf nicht grundsätzlich sagen, es darf kein Baum mehr gefällt werden. Es kann nicht sein, daß man um jeden Baum nun beim Kreis um Erlaubnis fragen muß. Denn man ist ja schließlich noch Herr auf seinem eigenen Hofe...

Da können wohl noch welche mehr kommen!

Der Film über Südoldenburg war so gut wie fertig. Wir hatten von vornherein alle offiziellen »Statements« von Politikern und Wissenschaftlern abgelehnt, um die Sterilität, die glatten Redensarten solcher Beiträge auszuschalten.

Dennoch fanden wir, daß der niedersächsische Landwirtschaftsminister Glup mit den Problemen, die in diesem Film eine Rolle spielen, konfrontiert werden müsse. Da wir bisher alle Äußerungen in legerer Atmosphäre aufgenommen hatten, baten wir den Minister in eine Wirtschaft an unserm Hauptdrehort Neuenkirchen – zu einer Gesprächsrunde am Biertisch.

Das Gasthaus Westerhaus ist eines der wenigen Lokale, die noch nicht völlig im neuen Altdeutsch der Brauereien renoviert sind. Es ist gemütlich – die Neuenkirchener, die etwas zu sagen haben, spielen hier Skat.

Als Minister Glup eintraf, waren Landwirte aus Vörden und Neuenkirchen, Gemeinderatsmitglieder, der Kreistagsabgeordnete Biestmann (ebenfalls Landwirt), der Futtermittelhändler Thamann, Bürgermeister Sickendiek und ein junger Bio-Landwirt gekommen.

Die Landwirte wollten vom Minister wissen, wie sie in Zukunft leben können, wenn die Agrarindustrie – siehe Beispiel Kathmann – jetzt auch noch das Schweinegeschäft haben will. Viel haben sie nicht erfahren an diesem Abend. Sie müßten eben aufstocken... und das Kapitalrisiko könne der Minister ja keinem abnehmen... er könne ja auch nicht hundertprozentig sagen, wie die Zukunft aussähe...

Auf unsere klare Frage, ob nach seiner Meinung alle Betriebe, die es jetzt gibt, erhalten bleiben könnten, genierte er sich nicht zu versichern: »Unter normalen Umständen, ja! Da können sogar noch welche mehr kommen!«

Der CDU-Abgeordnete Biestmann widersprach dem Optimismus seines Parteifreundes, da doch jeder wisse... ohne politische Maßnahmen seien die Kleinen gegen die Großen verloren.

Wir fragten den Landwirtschaftsminister, was er von Bestandsobergrenzen halte, ob er an die Pachtpreise rangehen wolle? Herr Glup sah keine Möglichkeit, »in das freie Marktgeschehen einzugreifen«, und warnte davor, sich die Agrarpolitik mit einem festen Planungskonzept vorzustellen... Das wollen wir ja gerade nicht... kein Eingriff in unsere freie Marktwirtschaft... kein Agrar-Dirigismus... »vor dem ich nachhaltig warne«. Trotzdem... er werde etwas gegen die Konzentration tun! ...Über Kapitallenkung, über Förderungslenkung...
Wie das genau aussehen soll, erfuhr die Gasthausrunde nicht. Der Minister versuchte noch ein charmantes »... Vormundschaft brauchen wir nicht für die Bauern...«, dann wollte er nach Hause, zu seinem 300-Hektar-Betrieb.
Bevor er verschwand, mußten wir ihm aber doch erzählen, daß uns ein Beamter in Bramsche gesagt hatte, Anton Pohlmann brüste sich damit, sein persönlicher Freund zu sein und ihn zu Gefälligkeiten bewegen zu können.
Herr Glup lachte: Herrn Pohlmann habe er nur einmal im Leben gesehen...
Herr Glup verließ das Gasthaus, um in seinen Wagen zu steigen. Wir gingen nach draußen und sahen gerade noch, wie sich Herr Glup und Herr Pohlmann mit lebhaften, herzlichen Gesten nach Manier alter Freunde auf der Straße begrüßten und miteinander plauderten.
Wir waren nicht überrascht.
Wir saßen wieder in der Gaststube. Bier und Korn gingen herum, es war richtig nett. Die Gesprächsteilnehmer guckten etwas ratlos, den agrarpolitischen Erklärungen des Ministers nachsinnend.
Unser Film war beendet.
Unsere Erlebnisse gingen weiter. Karl-Julius Thamann, ohnehin immer ausgesprochen leutselig, machte auf Oldenburger Tuchfühlung, wie das so üblich ist, wenn alle an der Theke feststellen, daß sie einander von Herzen gut sind. Der Futtermittelhändler prostete uns zu, schmuste ein bißchen mit den Damen.
Dann kam es.
Uns zunächst schalkhaft mit dem Finger drohend, steigerte er sich mühelos und schnell in einen handfesten kleinen Erpres-

sungsversuch! Er wußte, daß wir, die beiden Autoren, nicht wie das Team aus Bremen kommen – sondern in der Nähe von Saarbrücken wohnen und häufig für den Saarländischen Rundfunk arbeiten.
Karl-Julius Thamann sagte, daß der Intendant von Saarbrücken sein Schwager sei, daß wir uns hüten sollten ... macht ja keinen Mist! ... daß er schon mit seinem Schwager gesprochen habe ... daß wir dann in Zukunft sehen müßten, wo wir arbeiten könnten! ...
Premiere in Oldenburg: Das war das erste Mal, daß uns jemand – ohne Verbrämung – zu erpressen versuchte. Mit klaren Worten und ohne Umschweife. – Und das mindestens dreimal an einem Abend!

Wir sagten Herrn Thamann nicht, daß wir nach unseren bisherigen Erfahrungen in Saarbrücken überhaupt nicht daran dachten, seine Drohungen ernst zu nehmen.

Anton Pohlmann – zum fünften

Die industrielle Landwirtschaft in Südoldenburg kann von der Erde aus »nur erahnt« werden. Richtig begreifen kann die bereits erreichte Dimension erst jemand, der einmal über das Gebiet hinweggeflogen ist. Für die Filmaufnahmen engagierten wir einen Hubschrauber. In den eineinhalb Stunden über Südoldenburg – immer wieder über endlosen Maisackern, gigantischen Stallbauten, Silos, Futtermühlen und den im hohen Bogen die Gülle ausspuckenden Tankanhängern fliegend – erfaßten wir, daß dieses Land zugunsten einer kleiner werdenden Schicht Verdienender wahrscheinlich schon zu kaputt gemacht wurde, um es noch retten zu können.

Wieder ist eine Pohlmann-Aktion das beste schlechte Beispiel, das sich für die systematische großflächige Zerstörung der Landschaft finden läßt, wieder bietet das rücksichtslose Vorgehen dieses Mannes wie in einem inszenierten Lehrstück volle Einsicht in das hier vorkommende und leider auch siegende Freibeutertum.
Im Landkreis Vechta besitzt die gräfliche Sippe von Galen eine Wasserburg mit feuchten Wiesen für Frösche und Störche, mit Wäldern, mit Buchen- und Eichenalleen, mit angenehmen Wegen für Spaziergänger. Die Dinklager sind stolz auf ihren Burgwald, ein Gelände von über 300 ha Ausdehnung. Der Name von Galen hat einen guten Klang, nicht nur wegen der guten Beziehung zwischen Gemeinde und Adelsfamilie. Auch der Ruhm des Bischofs von Galen, der als »Löwe von Münster« den Nazis die Stirn geboten hat, trug dazu bei, die Stimmung in der Bevölkerung gegenüber der Familie freundlich zu gestalten.
1979 verkaufte Ferdinand Graf von Galen rund 180 ha Burgwald an Anton Pohlmann. Seitdem hat der Agrarindustrielle das ehemalige Naturparadies regelrecht verwüstet, undramatischer läßt es sich einfach nicht sagen. Pohlmann zog mehrere Meter tiefe und breite Entwässerungsgräben, um die Feuchtwiesen zu ent-

wässern, bepflanzte jeden zugänglichen Quadratzentimeter in Mais-Monokultur, schotterte die Spazierwege mit spitzen Steinen zu, um Spaziergänger und Radfahrer zu vertreiben und es seinen Landwirtschaftsmaschinen »bequem« zu machen, fällte – und das ist die schlimmste Maßnahme – Jahrhunderte alten Baumbestand.
Vor allem das Abschlachten der Bäume, die Zerstörung der Alleen, die seinen Landwirtschaftsmaschinen im Weg waren, verstößt nach Meinung der Staatsanwaltschaft gegen das Recht. Im Winter 1983 wurde gegen ihn und eventuelle Helfer Anklage erhoben wegen »gemeinschädlicher Sachbeschädigung«.
Wer die Geschichte der Zerstörung des Dinklager Burgwaldes studiert, muß erkennen, daß der Agrarindustrielle sich aber trotz der ihn bedrohenden Konsequenzen in seinen praktischen Interessen Schritt für Schritt durchgesetzt hat.
Das Erholungsgebiet wurde ein totes Stück Land für die Mais-Fabrikation, und die Maschinen brauchen nach der Baumvernichtung, die ihm bisher schon gelungen ist, immer seltener Umwege zu fahren. Anton Pohlmann hat in seinem Leben bisher noch nicht erfahren, daß er einen Staatsanwalt zu fürchten hätte!
Im Februar 1981 versuchte der neue Besitzer im Galenschen Burgwald zum ersten Mal, die Bäume zu vernichten, um zusammenhängende Felder zu schaffen, auf denen die Maschinen ihre Arbeit ohne ständiges Wenden »am Stück« verrichten können. Er wurde rechtzeitig erwischt. Der Landkreis Vechta erließ (für zunächst zwei Jahre!) eine Verfügung, die den Burgwald als Landschaftsschutzgebiet »einstweilig sicherstellte«.
Die Biologische Schutzgemeinschaft Hunte-Weser-Ems (BSH), die Umweltschutzgruppe Dinklage, der Heimatverein Dinklage sammelten einige tausend Unterschriften; eine Bürgerinitiative entstand, aus der sich eine Interessengemeinschaft Umweltschutz entwickelte mit Sitz im Gemeinderat. – Anton Pohlmann traf auf eine so breite Front, daß er tatsächlich zunächst klein beigeben mußte. Er schien gestoppt.
Im März 1983 hatte der Agrarindustrielle mehr Glück. In einer (seitdem in Südoldenburg nur noch so genannten) Nacht-und-Nebel-Aktion entwurzelten zwei Raupenbagger vierzig präch-

tige Alleebäume. Raupenbagger deshalb, weil das Umstoßen alter Bäume schneller geht als ordentliches Fällen. Angeblich war Pohlmanns Pächter Schwingel der Bösewicht. Aber daran glaubt hier niemand. – Wir fanden nicht einen einzigen!
Die Schilderung der nächtlichen Vorgänge klingt wie ein Drehbuch für einen mittelmäßigen Krimi. An einem Sonntagabend gegen 23 Uhr bekommt die Polizei einen anonymen Anruf, im Burgwald geschehe etwas in dieser Nacht. Die Polizei fährt los und legt sich auf die Lauer – an der Hauptzufahrt zu dem Gelände. Auch der Gemeindedirektor betritt den Schauplatz. Nichts.
Die Raupenbagger nähern sich von der entgegengesetzten Seite – so einfach ist das. Als ein Streifenwagen der Polizei eine Stunde nach dem ersten erfolglosen Einsatz noch einmal durch den Burgwald fährt, sind vierzig Eichen schon hinüber! Die Baggerfahrer wollen flüchten, die Polizei faßt einen. Pächter Schwingel soll Pohlmann zunächst reingewaschen haben: »Der weiß nichts davon!«
Laut einer Veröffentlichung in der Illustrierten »Stern« mochte sich auch »niemand aus dem Pohlmann-Klan zu dem Kahlschlag äußern. Der Chef... sei außer Landes auf seinen Ländereien in Kanada«.
In Neuenkirchen, Pohlmanns Heimatgemeinde, geht eine andere Information als Gerücht rund: Anton P. sei in der Nacht der Nacht-und-Nebel-Aktion nicht in Kanada, sondern bei seinem Duzfreund Karl-Julius Thamann zu Gast gewesen, friedlich mit ihm ein Glas Wein trinkend. Thamann, besonders gutsituierter Futtermittel-Händler aus Nellinghof (Neuenkirchen), ist in Südoldenburg überall bekannt, vor allem als langjähriger Vorsitzender des einflußreichen Oldenburger Heimatbundes und als Hobby-Geschichtsforscher. Pohlmann habe Thamann nicht verraten, was in dieser Nacht vor sich ging, und ihn vielleicht sogar als Alibigeber angepeilt, erzählt man. Die Freundschaft sei darüber ins Wanken geraten...
Bei der ersten Pohlmann-Aktion 1981 hatte Thamann vor dem Oldenburger Heimatbund eine recht laue Erklärung zu den Absichten seines Freundes im Burgwald abgegeben:... Einer ordnungsgemäßen Land- und Fortwirtschaft kommt für die Erhal-

Mit Raupenbaggern gegen alte Eichen

tung dieser Kultur- und Erholungslandschaft eine zentrale Bedeutung zu... Ob er sich nun nach erschütterter Freundschaft schärfer ausdrücken mag, ist nicht feststellbar, da er den Vorsitz im Oldenburger Heimatbund inzwischen abgab und dort keine Erklärungen mehr veröffentlichen muß.

Bei den Dreharbeiten berichtete uns *Ulrike Schlosser,* Gemeinderatsmitglied der Interessengemeinschaft Umweltschutz in Dinklage, daß Pohlmann insgesamt schon vier Bauanträge abgegeben habe, um im ehemals Galenschen Burgwald für seinen Sohn einen Schweinestall zu bauen, mit 2000 Mastplätzen.
Ulrike Schlosser über die Erfahrungen des Gemeinderats mit Anton Pohlmann:

Als er das Gelände gekauft hat, hat er der Gemeinde einen Brief geschickt, dieser Brief ist an jedes Ratsmitglied verteilt worden. Da hat er unter anderem versichert: »Ich bin bereit, von mir aus die Verpflichtung einzugehen, dort auf dem erworbenen Gelände keine Hühnerfarm aufzubauen...«
Ich meine, damit hat er auch vollkommen recht. Er hat nicht vor, hier eine Hühnerfarm aufzubauen, er will einen Schweinestall bauen. Und weiter heißt es dann...
»Ansonsten ist es für mich eine Selbstverständlichkeit und Verpflichtung, die Wanderwege und den gesamten Betrieb in seiner Schönheit voll zu erhalten«. Was daraus geworden ist, das sieht man ja hier in dieser Gegend.

Ulrike Schlosser weiter: Wir waren der Meinung, die Beschotterung der Wanderwege sei zu Unrecht geschehen. Die Bezirksregierung gibt uns recht. Der Kreis meint das auch, ist aber nicht bereit, etwas gegen Pohlmann zu unternehmen. Damit stellt sich der Kreis auch gegen die Bezirksregierung, die nicht so recht weiß, was sie jetzt machen soll. Ich überlege mir im Augenblick eine Dienstaufsichtsbeschwerde!
Nachdem Pohlmann uns das ganze Gelände trockengelegt hatte und nachdem er sich über alles hinweggesetzt hatte, war er dann verpflichtet, einige Bäumchen zu pflanzen. Das hat er auch in einem Teil gemacht. Es ist natürlich schwierig, die Dinger so rich-

tig anwachsen zu lassen, weil eben die Gräben wirklich arg tief geworden sind. Wie man sieht, ist ja auch ein Teil nicht angewachsen.

Die Anklage der Staatsanwaltschaft Oldenburg gegen Pohlmann und andere wegen »gemeinschädlicher Sachbeschädigung« erfolgte gegen Ende 83. Die höchste Freiheitsstrafe ist drei Jahre, eine Geldstrafe kann mehrere Millionen betragen.
Neue Ereignisse in Dinklage wirken wie eine offene Verhöhnung sämtlicher Schritte, die ein Staat gegen Schädlinge unternehmen kann: Während der Staatsanwalt die Ermittlungen abschloß, überraschte ihn das jüngste »künstliche Bäumesterben« in dieser Gegend. Auf Pohlmanns Grund und Boden lagen wieder einmal niedergemachte Bäume, und das, bevor er die Anklage wegen der ersten Baumfäll-Aktion vom Frühjahr 83 in den Händen hielt!
Am Morgen des 22. Novembers 1983 entdeckten Dinklager Gemeindearbeiter, daß Buchen und Eichen, etwa fünfzig Jahre alt, gefällt auf dem Gelände Anton Pohlmanns lagen. Schnell stand fest, daß diese Bäume (es sollen exakt neun sein, einige davon mit einem Durchmesser von einem Meter) der Gemeinde Dinklage gehören.
Die Empörung, für die Dinklager inzwischen wohl ein recht vertrautes Gefühl, schoß wieder einmal hoch. Und wieder einmal gab Anton Pohlmann eine lässige Erklärung: Seine Forsten halte das Forstamt Cloppenburg in Ordnung! Vom Abschlagen gemeindeeigener Bäume habe er erst durch die Zeitung erfahren...
In einem Bericht der Oldenburgischen Volkszeitung stand am 24. November 1983, das Forstamt Cloppenburg weise die von Pohlmann behauptete »komplette Verwaltung« seiner Forsten zurück, sei aber im übrigen der Meinung, daß die gefällten gemeindeeigenen Dinklager Bäume von zwei Waldarbeitern nur »aus Versehen« vernichtet worden seien...
Wäre es nicht traurig – es wäre zum Lachen! Die Erklärung aus Cloppenburg liest sich wie die mit Problemstoff angereicherte Heimatposse einer Laienbühne.

Bis zu einem Meter dick – ein Polizeimeister in Zivil mißt die gefällten Eichen

Hier ein Auszug aus der OV: »Die beiden hätten im Auftrag des Revierförsters und in Absprache mit Anton Pohlmann auf dessen Gelände der ehemaligen Ferdinandsburg und am sogenannten ›alten Bach‹ kranke und schlagreife Bäume geschlagen und dann einen Holzrücken bestellt. Dieser habe auf dem vorgesehenen Weg durch eine Erlenschonung Pohlmanns das Holz mit seinem Unimog nicht wegschleppen können. Daraufhin wäre der Wanderweg der Gemeinde freigeschlagen worden, allerdings in dem Glauben, daß dies auch Pohlmanns Gelände sei. Die beiden Grenzsteine hätten sie nicht gesehen.«
»Was sollen wir noch machen? Wir können doch nicht Tag und Nacht Wachen im Dinklager Burgwald aufstellen«, sagt der Bürgermeister Josef Kathe. Auf jeden Fall hat die Gemeinde Dinklage nun auch den letzten gemeindeeigenen Wanderweg, der ihr im Dinklager Burgwald geblieben war, verloren. Anton Pohlmann ist zielstrebig, selbst dann, wenn andere sich »versehen«.
Bei neueren Verkäufen des Galen-Grafen hat die Stadt Dinklage keinen Agrarindustriellen mehr zum Zuge kommen lassen. Die schmerzhaften Lektionen zeigen Wirkung.
Als im Burgwald die Ökonomie und die Rentei zum Verkauf standen und Anton Pohlmann wieder einmal Appetit zeigte, kam ihm Dinklage zuvor. Dabei hat sich die Kommune hoch verschuldet und muß nun bei der niedersächsischen Regierung betteln gehen. Die Erkenntnis, daß ein Graf ererbte Landschaftsschutzgebiete auf dem freien Markt meistbietend verhökern kann, gab es gratis für Dinklage.
Ferdinand von Galen brauchte das Geld allerdings auch sehr dringend. Als persönlich haftender Gesellschafter des privaten Bankhauses Schröder, Münchmeyer, Hengst & Co. (Hamburg und Frankfurt) war er an der spektakulären Pleite dieses feinen Geldinstitutes im Herbst 83 beteiligt.
In der Wochenzeitung »Die Zeit« steht dazu: »Als Schurke im Stück gilt heute Graf Galen.« Er soll vor allem dafür verantwortlich sein, daß die Münchmeyer-Bank mehr als das Achtfache ihres Eigenkapitals an einen einzigen Kunden verliehen hat (nach dem Gesetz dürften das nur 75% sein). Die Bank war fertig, als dieser Kunde sich als faul erwies. Die Spekulation, die so viel Gewinn versprach, war zu gewagt gewesen.

Wie es bei reichen Leuten üblich ist, zahlen sie in den seltensten Fällen für den angerichteten Schaden mit dem totalen Verlust ihrer Existenz. Zwar untersucht der Staatsanwalt, ob Graf Galen und die anderen Gesellschafter »Unrecht« taten, aber der Konkurs der renommierten Bank wurde durch eine Rettungsengel-Aktion des privaten Bankgewerbes abgewendet. (Es existiert ein Fonds für solche Fälle!)
Die anderen Geldhäuser legten zusammen – und die schlimmste Gefahr war erst einmal vorbei. Graf Galen – und jetzt mag mancher den Galens verbundene Oldenburger zucken – verliert aus seinem Privatvermögen rund 50 Millionen Mark; das ist sein Preis als persönlich haftender Gesellschafter für den anspekulierten Gewinnzuwachs bei den waghalsigen Geschäften. »Die Zeit« meint jedoch, daß seine Frau Anita, Tochter der Bankfamilie Hengst, denselben Betrag noch einmal besitzt! Damit kann dann wenigstens ein neuer Anfang bei Galens gewagt werden...
Das alles geht manchem Dinklager durch den Kopf, wenn ihm auf Anton Pohlmanns Schotterwegen im Burgwald die Füße weh tun. Er denkt an das verlorene halbe Vermögen des Grafen Ferdinand und sinnt darüber nach, wie lange der neue Besitzer der gräflichen Natur wohl braucht, um das Seine zu verdoppeln.
Unermüdlich tätig, strebsam und entschlossen genug ist Anton Pohlmann ja. Anzeigen wie diese stehen immer wieder in den Zeitungen, vor allem in benachbarten Landkreisen. Anton Pohlmann braucht noch mehr Land.

Anzeigenwerbung — sicher und erfolgreich!

IV Z 37169

Suche größere Ackerflächen

evtl. auch kompl. Hof mit Hofstelle

zu pachten.

Telefon 0 54 93/671-675

Pohlmann zum letzten?

Immer wieder dachten wir, das Pohlmann-Material sei vollständig und könne abgeschlossen werden. Immer wieder mußten wir neue Informationen zufügen. Das hier ist nun – vorläufig – die letzte Meldung:

Anton Pohlmann hat inzwischen in den USA 7 Millionen Hennen, das macht zusammen mit den 5 Millionen in Südoldenburg – 12 Millionen Legehennen.
Anton Pohlmann ist der größte private Hennenhalter der Welt.
In Columbus, Ohio, besitzt er 1400 ha Land. Die Zahl seiner Schweine in Amerika soll – das war nicht ganz genau festzustellen – 48000 betragen.
In einer amerikanischen Fachzeitschrift vom 19. 9. 83 steht in der Rubrik »The poultry and egg news« über seine Umweltsünden in den USA, daß ihm von den Behörden dort elf schlimme Verstöße vorgeworfen würden. Für jeden der elf Punkte seien ihm 10000 Dollar Strafe angedroht worden – täglich!
»Wie aus gut unterrichteten Kreisen zu erfahren war« – diese Schablone muß her! – haben die anderen Agrarindustriellen Anton Pohlmann jüngst ins Gebet genommen. Es falle auf, wie oft er auffalle... Das schade dem Geschäft!
Ging es hier um die echte Mafia, nicht um die südoldenburgische Variante, könnte dieses Auffallen gefährlich werden.

Für Anton Pohlmann.

Woran das Herz des Landwirtschaftsministers hängt

Der deutsche Landwirtschaftsminister Ignaz Kiechle ist selber Landwirt; er hat einen kleinen Hof im Allgäu. Wenn er sich äußert über seine Absichten als Minister, klingt das bauernfreundlich.

Grundzüge der Agrarpolitik der Bundesregierung

(Auszüge aus der Rede des Bundesministers für Ernährung, Landwirtschaft und Forsten am 24. 11. 83 in Herrsching.)

...kommen wir allmählich überall dort in die Klemme der Wettbewerbsfähigkeit, wo Arbeit und Lohn ein kostenbestimmendes Element sind. Nur über fortschrittlichste Technologie, über besseres Wissen und Können, sind wir überhaupt noch wettbewerbsfähig. Unser einziger zukunftsträchtiger Rohstoff sind Erfindungskraft, Fleiß und Präzision... Technikfeindlichkeit bringt nichts. Wir brauchen modernste Technologie, gepaart mit Verantwortungsbewußtsein bei ihrer Anwendung... Wegen der äußerst kritischen Marktlage auf allen wichtigen Agrarmärkten und ihrer Entwicklung zu Überschußmärkten, wegen der dadurch bedingten und jetzt nicht länger finanzierbaren Agrarmarktkosten, wegen des entstandenen Produktionsdrucks in der Landwirtschaft als Folge der niedrigen Einkommen und fehlenden Strukturwandels, ist jetzt die Zeit des Handelns gekommen...
Eine Verdrängungspolitik aber, sei es über globalen oder gestaffelten Preisdruck, lehne ich aus ordnungs- und gesellschaftspolitischen Gründen strikt ab... In der Strukturförderung wird eine größere regionale Flexibilität angestrebt und damit auch mehr individueller Handlungsspielraum gewonnen; die bisher geltende Förderschwelle mit ihrem Wachstumszwang wird abgeschafft und durch andere betriebsbezogene Kriterien ersetzt, zum Beispiel die Rentabilität der Investition; bei Überproduk-

tion sollen keine Kapazitätsausweitungen mehr gefördert werden...
Die Bundesregierung verfolgt deshalb eine Politik der Konsolidierung und Bestandssicherung: Sie bemüht sich um die Erhaltung einer bäuerlichen Landwirtschaft. Wir wollen unter allen Umständen verhindern, daß im Veredelungssektor weiter eine Entwicklung um sich greift, wie sie in der Geflügelhaltung bereits stattgefunden hat; die Lösung der Veredelungswirtschaft von der Fläche und damit aus der bäuerlichen Landwirtschaft. Wichtig ist dieses Problem vor allem in der Schweinehaltung...
Wir wollen überall, wo es vertretbar ist, Wettbewerbsnachteile zu Lasten der bäuerlichen Veredelungswirtschaft vermeiden. Solche Möglichkeiten sehe ich beispielsweise in einer Neuabgrenzung zwischen landwirtschaftlicher und gewerblicher Tierhaltung durch eine entsprechende Änderung des Bewertungsgesetzes. Die Einführung von Bestandsobergrenzen allerdings wäre mir nicht nur ein zu dirigistischer Eingriff, ich teile auch die verfassungsrechtlichen Bedenken, die gegenüber einer solchen Regelung vorgebracht werden.
Bei all dem geht es nicht darum, Bestehendes zu behindern oder gar zu zerschlagen, sondern neue und weitere Entwicklungen in die gewünschte Richtung zu beeinflussen. Es wäre nicht nur volkswirtschaftlicher Unsinn, die vorhandenen Betriebe zu gefährden – wir würden sonst auch noch wichtige Marktanteile in einem heißumkämpften Markt riskieren. Schließlich sind alle Märkte im tierischen Veredelungssektor äußerst kritische und wetterwendische Märkte...
Ich rufe deshalb immer wieder die Landwirtschaft auf, auf die letzten Intensitätsstufen zu verzichten...«

Viele, mit denen wir in Südoldenburg sprachen, machten sich Sorgen. Sorgen um die Existenz, Sorgen um die Zukunft. Sorgen um die Zukunft ihrer Kinder und der nächsten Generationen. Ignaz Kiechle zeigt guten Willen. Überzeugen, daß er wirklich etwas ändern wird, kann er nicht. Der Aufruf an die Landwirte, »...auf die letzten Intensitätsstufen zu verzichten«, mag von Herzen kommen. Wie aus solchen Wünschen Agrarpolitik wird, sehen wir nicht.

Wer hat das Schwein zur Sau gemacht?

Baut Jörg noch einen Schweinestall?

Was politisch nicht geregelt wird, hat in der Praxis täglich Folgen. Die Entwicklungen in der Landwirtschaft warten nicht, bis irgendwann die nötige Agrarpolitik erfunden wird. Während der Bundes-Landwirtschaftsminister die Liebe zur bäuerlichen Landwirtschaft proklamiert, erleben die dazugehörigen Bauern, wer mit landwirtschaftlicher Produktion in Zukunft Geld verdienen kann.
Familie Erdbrügge in Neuenkirchen, mit dem 700 Jahre alten Hof, sieht die Auswirkungen im eigenen Betrieb:

Frau Erdbrügge: Wir haben den Sauenstall mit hundert Sauen und machen unsere eigenen Ferkel fett, es sind also auch Schweinemastplätze da. Wir haben aber nicht genug Mastplätze und sind gezwungen, Ferkel zu verkaufen... Es ist immer schade, wenn man Ferkel großzieht und muß dann dem andern die abgeben, und der macht sie fett... das würde man ja lieber selber machen.
Und wir haben nun, in den zwanzig Jahren, die wir hier wirtschaften, an sich jedes Jahr irgendwo gebaut, und es war immer unser Reden, also, den Maststall, der uns jetzt noch fehlt, den soll denn unser Jörg bauen, denn der hat auch 'ne Vorstellung, und er will ja auch irgendwas geschaffen haben.
Das wird wahrscheinlich durch diesen Gülle-Erlaß und den Baustopp für Mastställe... wird ihm das vielleicht vereitelt werden, daß er das nie mehr machen kann. Gestern stand noch in der Zeitung: Wir produzieren schon genug Schweine, und mit der steigenden Arbeitslosigkeit wird in Zukunft immer weniger Fleisch gegessen. In Holland wird die Produktion subventioniert... wir wissen nicht, wo es hinläuft.
Wahrscheinlich sind wir jetzt auf einem Stand angekommen, der erst mal die nächsten Jahre so bleiben muß. Bis vor einem Jahr hätten wir den Maststall bauen können... dann hätten wir zwar einen Haufen mehr Schulden auf dem Hals... dann hätte eben

unser Jörg die Schulden abtragen müssen ... aber er hätte genügend Umsatz gehabt.
Ich hoffe, daß die jungen Leute clever genug sind, sich nicht den Agrarfabriken anzuschließen ... in unserer Nachbargemeinde haben sie das praktiziert ... sie haben sich zu einer gemeinsamen Vermarktung zusammengeschlossen ... also, jeder Landwirt wirtschaftet auf seinem Hof, macht seine eigenen Schweine fett, aber sie vermarkten die Schweine jetzt in ganz anderen Mengen. Das ist vielleicht 'ne Chance, die die jungen Leute noch haben ...

Welche Landfrau will die erste sein?

Die jungen Leute ergreifen die Chancen! Die Bauernblatt-Gruppe Weser-Ems versucht, drohende Entwicklungen im letzten Moment aufzuhalten. Zum Beispiel Horst Kathmanns Plan, seine Hühnerställe in Calveslage in eine Sauen-Anlage umzuwandeln. Die konventionellen Bauern beginnen zögernd mitzuziehen.

Karl-Heinz Hanken: Die Initiative, etwas gegen das Kathmann-Sauen-Projekt zu machen, ging vom Bauernblatt aus. Dadurch wurden dann die Leute von der Landjugend und vom Landvolk so ein bißchen unter Druck gesetzt! Weil es sonst immer heißt – ja, wir sind auch dagegen... aber... sie machen nichts! Also gar nichts! Und wir haben was gemacht, haben angefangen und somit haben sie halbwegs mitgezogen.
Das Landvolk hat zu der Demonstration eigentlich noch zu wenig mobilisiert. Die Landfrauen haben wenigstens dazu aufgerufen – aber, es waren kaum welche da!

Engelbert Boeske: Der Landvolkvorsitzende soll auch von einigen Einflußreichen hier in der Gegend zurückgepfiffen worden sein! Später haben wir noch in ein paar Dörfern gehört, daß gesagt worden ist... das ist alles links unterwandert... das ist vom Ostblock!... so weit ging man da, weil das Bauernblatt die Initiative bei der Sache hatte.
Vom Landvolk waren die älteren Leute fast alle nicht dabei. Die sind doch jetzt so stark in die Ecke getrieben... bisher galt immer Sauen noch als sicher! Aber die kommen aus der Ecke nicht raus... also, daß sie ihre Sorgen mal öffentlich äußern. Bei der Unterschriftenaktion hörte man schon einige, die laut gemeckert haben, aber, wenn's dann drum ging... unterschreiben!... dann beschränkte man sich darauf, daß nur einer in der Familie unterschreibt, daß die anderen lieber wegbleiben sollten... Nie das Bewußtsein, da müssen alle unterschreiben! Bei den Frauen war

das so – wenn die eine nicht unterschrieb, wollte die dritte oder vierte auch nicht ausgerechnet die erste sein, die so was mitmacht...

Frage: Rechnet ihr euch Chancen aus, das Kathmann-Sauen-Großprojekt zu verhindern?

Wilfried Makollus: Ich glaube, es sieht so aus, daß rechtlich nur das Immissionsschutzgesetz greifen kann. Bei seinem Antrag war ja kein ordnungsgemäßer Gülle-Nachweis dabei! Er hatte ja nur einen Mustervertrag mit der Firma Biona dazugelegt...

K. H. Hanken: Die einzige Möglichkeit ist, politisch... einen Willensänderungsprozeß herbeizuführen! Daß also auch die Politiker irgendwie dazu Stellung beziehen müssen, weil die doch immer sagen, daß sie für die Erhaltung kleiner und mittlerer bäuerlicher Betriebe sind, für die Erhaltung der Landschaft... daß also die Gesetze mal geändert werden!

E. Boeske: Ist das nicht eigentlich ein Witz, daß die Politiker uns heute immer nur erzählen... wir sind schließlich an die Gesetze gebunden... als könnten sie nichts dafür... als hätten sie die nicht selber gemacht. Die sehen, was hier abläuft, die Landschaft geht kaputt, die Arbeitslosenzahl steigt... und die sagen, wir haben Gesetze, über die wir nicht wegkönnen... Aber, die sitzen da und könnten jeden Tag das ändern!

Der Widerstand der jungen Landwirte gegen die geplante Sauen-Anlage wird wenig nützen. Selbst wenn Horst Kathmann sich bereit erklärt, statt der 4100 »nur« 2200 Sauenplätze einzurichten – die Weichen künftiger Ferkelproduktion sind gestellt.
Dazu schreibt die Oldenburgische Volkszeitung am 22. 12. 83 mit der Überschrift »Einlenken ja, Plan aufgeben nein«:

»Wenn ich mein Vorhaben wegen des Protestes ganz aufstecken würde, wäre langfristig überhaupt nichts gewonnen«, meint Kathmann. Er hält die bisherige Entwicklung des Schweinemarktes hin zu den sogenannten »Agrarfabriken« für so weit

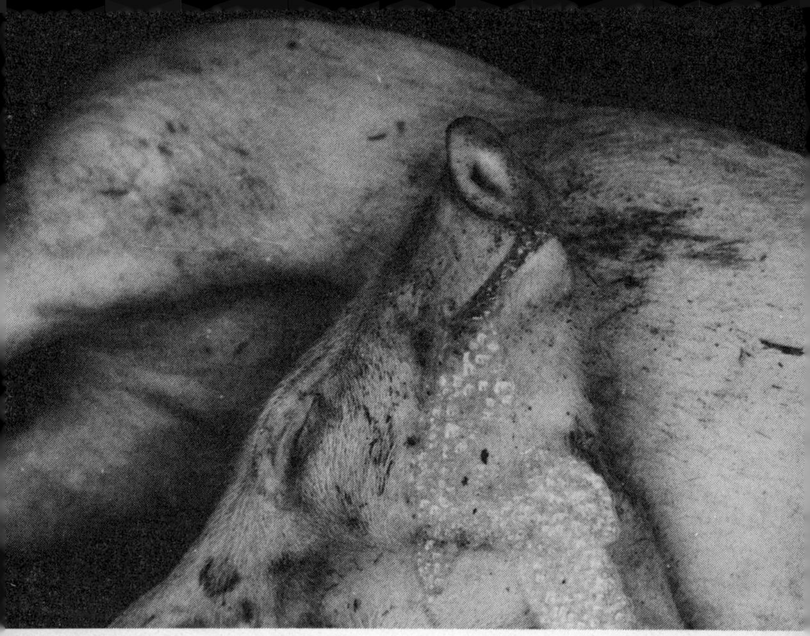

Schwein gehabt?

fortgeschritten, daß das Verhindern eines einzelnen Projektes nichts mehr ändern würde.
Sehr große Hühnermengen abzusetzen, werde immer schwieriger. »Mir liegt nichts daran, mich hier mit den Landwirten zu überwerfen. Wenn ich nicht die freien Kapazitäten meines Betriebes aus wirtschaftlichen Gründen ausnutzen müßte – immerhin beschäftige ich hundert Leute – würde ich mich nie in das Schweinegeschäft einmischen.«
Die Landwirte mit Sauenbeständen zwischen 20 und 40 Tieren müssen sich nach Ansicht von Horst Kathmann ohnehin damit abfinden, daß sich mit dieser Größenordnung in absehbarer Zeit keine Existenz mehr sichern läßt.

Dann bin ich ein sehr großer Ferkelanbieter...

Widersprüchlich sind die Eindrücke in diesem Land. Je länger wir da sind, desto widersprüchlicher werden sie. Wer sich mehrere Wochen umsieht, stößt zunächst auf die Mißstände und übt Kritik. Wer Monate dort verbringt, fängt an zu überlegen, was er eigentlich täte, wenn er dort immer leben würde, wenn er dort Landwirt wäre.
Vielleicht ist das sogar das Übelste an den schwammigen Aussagen der Politiker über die Zukunft dieser Gegend – daß jüngeren Leuten hier nicht genügend Anhalt und Orientierung gegeben wird. Daß sie sich entscheiden müssen, ohne die Tatsachen, die das Spiel bestimmen werden, genau zu kennen.
Viele jüngere Landwirte sind entschlossen, sich richtig zu entscheiden. Sie waren auf Schulen und Universitäten, sind nicht engstirnig, nicht geldgierig, denken durchaus in gesellschaftspolitischen Dimensionen. Jedenfalls wissen sie – mehr als ihre Eltern – daß eigenes Wohl auf längere Sicht vom Gemeinwohl abhängt.
In der Praxis nützt ihnen das nicht viel. Die Kreativen unter ihnen, die sich entwickeln und weiterkommen möchten, haben eigentlich nur die schlechten Vorbilder der Agrarindustrie. Es gab bisher keine politische Kraft in Südoldenburg, die dafür gesorgt hätte, daß Alternativen groß und interessant wurden. Gute Beispiele wurden nicht gefördert.

Der 24 Jahre alte Student der Agrarwissenschaften, der im Kreis Vechta einen Hof erbt und der uns bereits über seine Einschätzung der Zukunft berichtete, schildert in einem Gespräch, wie ein junger Landwirt sich das »Weichen oder Wachsen« vorstellt – von dem seine Zukunft abhängt, weil die Politik dritte Wege nicht vorgesehen hat:

Peter T.:
Wenn ich sage, ich verpachte meinen Stall, dann bin ich ja quasi als selbstentscheidender Landwirt ausgestiegen, so traurig es klingt. Es gibt sicherlich einige Betriebe, die sind am Überlegen: Trage ich mein Risiko noch selbst? Die Zeiten sind mir so unsicher, daß ich meinen Betrieb besser verpachte, auch meinen Sall, davon kann ich dann ganz gut leben, ich mach' die Arbeit für den anderen, aber ich behalte mein Geld. Nicht, daß ich jetzt noch riskiere, das zu verlieren in den nächsten Jahren!

Frage: Wie viele Tiere kriegen solche Pächter denn wohl zusammen?

Das erfährt man ja auch meistens nur so unter der Hand, wie viele Schweine einer, der alles mögliche gepachtet hat, nun genau hält. Es gibt aber Leute, die halten 25 ... 30000! Es soll welche geben, die halten bis zu 50000 in zusammengepachteten Ställen. Das sind doch schon ziemlich große Größenordnungen, 50000 Tiere!

Frage: Wäre so ein Weg für dich auch interessant?

Diese Sache bietet, von der Vermarktung und vom Einkauf sicherlich Vorteile. Wenn ich 'ne genügend hohe Kapitaldecke hab' und ich kann gut ausgerüstete Ställe für 10000 Tiere zusammenpachten, nicht zu weit auseinander, daß ich die mit möglichst wenig Personal bewirtschaften kann, dann hab' ich ja die Möglichkeit, als Ankäufer von Futtermitteln als großer Nachfrager aufzutreten. Ich kann die Futtermittelpreise günstig aushandeln – mit Sicherheit – da sitzt Rabatt drin! Wenn ich da -zig Tonnen Futter am Tag brauche, spielen ja schon fünf Mark oder zehn Mark pro Tonne 'ne gewaltige Rolle! Wenn ich dann ein gutes Management habe und übernehme den Einkauf für die Ferkel auch noch selbst und ich kann zum Beispiel dem Schlachthof gegenübertreten oder der Genossenschaft und sagen: Ich bin in der Lage, pro Woche soundso viel Schweine fest anzuliefern ... da wird natürlich da auch einiges über den Preis möglich sein. Man kann dann sagen, der und der Tag im Monat ist bestimmt, da

braucht die Schlachterei nur für mich schlachten, ich bring' dann soundso viel Schweine, das können die voll einplanen! Da ist dann einiges drin über den Preis, bei der Vermarktung.
Die Suche geht ja jetzt los, was machen? Wo den Ausweg suchen für denjenigen, der jetzt weitermachen will? Wohin gehen? Wenn man die Entwicklung sieht... vor zwanzig Jahren, gut, Hühner... Jeder hat fünfhundert Hühner gehalten, tausend Hühner gehalten. Dann kam der große Umschwung, die Technologie kam, es war möglich, zehntausend oder dreißigtausend Hühner zu halten, die Landwirte sind ausgestiegen aus der Hühnerhaltung. Da kamen die Abschreibungsgesellschaften, wo es möglich war, steuerbegünstigt zu investieren in die Landwirtschaft, dann ist man eben aus der Hühnerhaltung ausgestiegen und ist in die Schweinehaltung eingestiegen.
Heute ist es jetzt ja so – Hühner kann ich nicht mehr machen, jetzt habe ich Schweine. Was jetzt also? Entweder Schweine mehr machen... Kühe?... Da kann man die agrarpolitische Entwicklung doch schon absehen, daß das eingeschränkt wird... da ist auch nichts mehr drin! Was soll ich machen? Fische züchten, Fische mästen? Ganz neue Wege gehen? Das Rennen ist ja... was soll ich machen?
In den letzten Jahren und jetzt auch immer noch, ist die große Empfehlung, innerbetrieblich zu rationalisieren, das heißt, die Erlöse dadurch zu steigern, daß ich den Aufwand etwas minimiere und dadurch höhere Erträge erziele, daß ich genauer dünge, daß ich mehr Tageszunahmen (Gewicht der Masttiere) im Stall habe bei besserer Kontrolle, um das eben auszureizen.
Wenn ich das aber schon ausgereizt hab' und lieg' schon bei den oberen 25%, dem oberen Viertel, und muß jetzt doch wieder weitermachen... wohin? Welche Entwicklung? Was soll ich machen? Es ist ja eine große Unsicherheit da. Wo soll das hinführen? Weiter investieren?
Vierhundert Schweine sind heute keine Größenordnung mehr, vierhundert ist die Grenze, wo einige Technologien erst anfangen, interessant zu werden (auf dem Mastsektor!). Computerfütterung, vollautomatische Fütterung... Ob ich die jetzt einbaue für vierhundert, sechshundert oder tausend Tiere, ist nur ein gradueller Unterschied, denn die Grundeinheit, die ist vom Compu-

ter ziemlich das gleiche. Das andere ist nur ein bißchen mehr Mechanik. Paar Ventile mehr, paar Rohrleitungen mehr, der Bottich ist ein bißchen größer, um das Futter anzurühren, das macht den Kohl nicht mehr fett.

Nachdem Peter T. von Horst Kathmanns Plänen gehört hat, die Hühnerställe in Calveslage zu Sauenanlagen umzurüsten, rechnet er uns vor, warum so etwas geschäftlich aufregend ist. Es ist ja nicht so, daß ein Junge aus Südoldenburg viel älter als vierundzwanzig werden müßte, um zu begreifen, wo das Geld liegt. Wenn er selber nicht »mitmischt« – an mangelndem Sachverstand liegt das nicht.

Peter T.:
Die steigen ja gleich richtig ein. Gleich viertausend Sauen auf einmal. Siebentausend Ferkel... Dann bin ich ein sehr großer Ferkelanbieter, dann bin ich schon interessant für Großmastbetriebe! Viertausend Sauen, wenn die seuchenfrei sind, kommen kontinuierliche Ferkel raus. Da kommen pro Woche soundso viele Ferkel mit dem und dem Gewicht raus, dann kann ich ja 'nem Großmäster anbieten, der jetzt Ställe hat in der Größenordnung von tausend!...
Der will tausend Ferkel auf einmal einstallen... wer kann die auf einmal liefern? Aus einem Bestand wohlgemerkt! Wenn ich sonst tausend Ferkel einstallen will, die kommen vielleicht aus dreißig oder vierzig verschiedenen Ferkelerzeugerbetrieben. Dann krieg' ich natürlich ein hygienisches Problem dazu, ein Ansteckungsproblem. Es braucht ja nur einer von diesen dreißig Betrieben, wo die Ferkel herkommen, irgendeine Krankheit haben oder so. Die bringen Husten oder Influenza oder irgendeine Krankheit mit... stecken alle anderen Tiere an... das kostet natürlich Geld!
Wenn so ein Großbetrieb dann in der Lage ist, das anzuliefern, wird er mit Sicherheit einen höheren Preis erzielen für die Ferkel, weil er einen guten Schnitt liefern kann, weil er die totale Kontrolle hat. Wenn er viertausend gute Sauen hat, kriegt er auch viertausend Mal gute Ferkel raus.
Die nächste Größenordnung ist natürlich, daß ich sag', ich hab'

jetzt die Sauen, da fang' ich mit an. Dann kommen die Ferkel, die Aufzucht. Dann fehlt nur noch die Mast. Dafür brauche ich noch nicht mal selber bauen, die Ställe sind ja wohl irgendwo da. Da bring' ich jetzt meine Ferkel hin, dann muß ich nur noch die Schweine vermarkten... Und, in der Größenordnung ist es mit Sicherheit auch schon interessant, dann mahle ich bald auch mein Futter und Getreide selber, kauf das Getreide noch günstig ein, misch das selber... fehlt nur die Vermarktung... Das wär ein Schlachthof! Dann kauft man sich noch 'ne Beteiligung am Schlachthof, um das Fleisch zu vermarkten! Und das am besten unter irgendeiner Qualitätsbezeichnung...

Das kann unser europäischer Partner Holland besser

Fährt man in Holland durch die Provinz Limburg, sieht man nur Ställe entlang den Straßen. Ein Stall neben dem anderen. Kilometerlang.

In Ijsselstein zum Beispiel werden ausschließlich Anlagen mit mindestens 1500 Mastplätzen genehmigt! Darunter fängt man erst gar nicht an. Kleinere Größenordnungen seien nicht mehr konkurrenzfähig...

Anfang 1984 lagen schon Anträge für 200000 neue Mastplätze für das laufende Jahr vor. Das sind – hintereinander gereiht – 17 km. 17 km Ställe allein in und um Ijsselstein!

300% Eigenversorgung haben die holländischen Mäster bei Schweinefleisch erreicht. 200% werden exportiert, viel nach Deutschland. Die holländischen »Veredelungszentren« liegen günstig, im Hinterland Rotterdams. Ihre Waren erreichen den größten Absatzmarkt, das Ruhrgebiet, schneller als die oldenburgische Konkurrenz.

Die Transportwege des eingeführten Futtermittels sind sehr viel kürzer. 20 Millionen Tonnen kamen 1983 über den Hafen Rotterdam. In den Weserhäfen wurden in derselben Zeit nur 2 Millionen Tonnen gelöscht! Und von Bremerhaven und Brake nach Südoldenburg ist es beinahe so weit, wie von Rotterdam nach Südoldenburg. Das verursacht Kosten, die die holländischen Fleischproduzenten sparen.

Zwei Vorteile verschärfen die Konkurrenz: Erstens ist »Veredelung« in Holland in gar keiner Weise mehr an den Boden gebunden. Wer mästen will, braucht nur Platz für Ställe. Zweitens wird die Güllebeseitigung vom Staat subventioniert.

beschlossen (Seite 3).

Schweine-Krieg

Etwa 100 französische Bauern haben einen niederländischen Lastwagen mit lebenden Schweinen gekapert. Die Landwirte demonstrieren gegen den Verfall der Schweinefleischpreise.

Knaur®

Band 4310
160 Seiten
mit zahlreichen Abbildungen
ISBN 3-426-04310-6

Dieses Jahrhundert hat uns gewaltige Fortschritte in der medizinischen Versorgung gebracht. Zu diesem Erfolg haben vor allem chemische Technologien beigetragen. Zunehmend wird deutlich, daß Arzneimittel auch Probleme schaffen: Die »Erfindung« neuer Wirkstoffe ist zeitraubender und kostspieliger geworden. Das Sicherheitsbedürfnis der Menschen nimmt zu, mit ihm wächst ein Unbehagen am Arzneimittel.
Der Autor wendet sich mit seinem Buch an alle am Arzneimittel interessierten Personen, vor allem auch an den Patienten. Für sie wird dargestellt, wie ein Arzneimittel entsteht, wie es hergestellt wird und welchen Weg durch den Körper es nimmt.
Ausgehend von der Problematik konventioneller Arzneibehandlung wird aufgezeigt, wie neuentwickelte therapeutische Systeme die medikamentöse Behandlung für den Patienten verbessern und den therapeutischen Anforderungen unserer Zeit besser gerecht werden können.
Hier geht es um eine neue Ära der Arzneimittelentwicklung, deren Dimensionen für die Medizin eine Chance und für den Patienten eine Hoffnung darstellen.